城市景观规划设计探索研究

◎ 刘钊 著

中国纺织出版社有限公司

内 容 提 要

本书阐述了景观规划设计的相关概念及理论，并在此基础上探究了景观规划设计的艺术原理、不同类型景观规划的设计原则，探索了具有文化性、生态性、功能性、审美性、艺术性的现代文化景观空间发展趋势，分析了都市主义、低碳观念和后现代主义视角下的景观规划设计新思潮，同时详细介绍了旅游景观规划设计，以期为景观规划设计的爱好者和相关设计人员提供参考，并为现代景观规划设计的发展与创新贡献绵薄之力。

图书在版编目（CIP）数据

现代景观规划设计探索研究 / 刘钊著 . — 北京：中国纺织出版社有限公司，2021.6

ISBN 978-7-5180-8657-3

Ⅰ . ①现… Ⅱ . ①刘… Ⅲ . ①景观规划－景观设计 Ⅳ . ① TU986.2

中国版本图书馆 CIP 数据核字（2021）第 125567 号

责任编辑：王 慧　责任校对：楼旭红　责任印制：储志伟

中国纺织出版社有限公司出版发行
地址：北京市朝阳区百子湾东里 A407 号楼　邮政编码：100124
销售电话：010—67004422　传真：010—87155801
http://www.c-textilep.com
中国纺织出版社天猫旗舰店
官方微博 http://weibo.com/2119887771
三河市宏盛印务有限公司印刷　各地新华书店经销
2021 年 6 月第 1 版第 1 次印刷
开本：787×1092　1/16　印张：11.25
字数：148 千字　定价：49.90 元

前　言

近年来，随着我国经济的持续增长，人们对生活环境的要求逐渐提高，使得景观规划设计在我国得到了飞速的发展，推动了城市化发展的进程，促使城市新区层出不穷地呈现在人们面前，加强了人们对于居住环境质量的追求。在此背景下，我国的城市化建设必须顺应城市景观规划设计多样化的趋势，提升景观规划设计的艺术性，注重景观规划设计的生态性。

为进一步推动我国城市的可持续发展，改善人居环境，建设部提出了建设国家"生态园林城市"的更高目标。同时，我国有一大批国家级地质公园、森林公园、水利风景区，以及公路、河道、铁路绿色网络系统正在建设之中，彰显了文化景观的丰富多样。

当前的景观规划设计早已脱离了传统意义上的单一环境设计，在整个社会发展中扮演着具有重要生态意义的角色。随着景观都市主义的倡导与发展，景观规划设计的目的转变为将整个城市建设成一个完整生态体系，通过景观基础设施建设来完善城市生态系统，同时将城市基础设施功能与其社会需要结合起来，使城市得以延展。

如今，景观规划设计已逐渐演变成一门具备较高综合性、较强实践性的学科和设计艺术，不仅涉及建筑设计、社会学、民俗学、人体工程学、土木工程、建筑材料等学科，还涉及材料的质地和性能、绿化、造园艺术等领域。这是人们对生活环境和生活质量高需求的体现。

　　本书旨在通过介绍景观规划设计的理论基础、艺术原理和原则等专业设计知识，使读者认识景观规划设计的本质。本书的主要内容包括景观规划设计概述、景观规划设计的艺术原理、景观规划设计的主要原则、景观规划设计的发展趋势、景观规划设计新思潮及其案例分析，以及文旅融合视角下的旅游景观规划设计。无论是刚迈入设计领域的初学者，还是从事多年设计工作的设计人员，本书讲解的内容都将为其打开新的设计大门。

　　此外，笔者在撰写本书的过程中得到了业内多方专家、学者的支持与帮助，参阅了国内外公开发表的一些文献，选用了网络上众多景观公司提供的图片，在此向他们致以诚挚的谢意。学海无边，书囊无底，因笔者水平有限，本书难免存在纰漏，若有不当之处，恳请各位同行专家与读者予以指正。

刘　钊

2020 年 12 月

目 录

第一章 景观规划设计概述

景观规划设计与规划、建筑、地理等多学科交叉、融合，在不同的学科中具有不同的意义。从规划及建筑设计的角度出发，景观规划设计学的关注点在于对于一个物质空间的整体设计，将解决问题的途径建立在科学、理性的分析基础上，以综合性地解决问题，而不是仅依赖设计师的艺术灵感和艺术创造来表达设计思想和观念。本章将主要阐述景观规划设计的概念、构成与类型。

第一节 景观规划设计的概念和意义

一、景观规划设计的相关概念

"景观"（Landscape）一词，无论是在西方国家还是在中国，都是一个难以用简单的语言说清道明的概念。不同领域、不同职业的人对景观有着不同的理解；景观在每个国家都具有古老的历史，甚至早在人类之前就已存在。对景观进行基本认识与了解有助于从宏观和整体的角度把握景观规划设计的概念。

（一）景观的概念

景观一词由地理学界提出，指的是一种地表景象或综合自然地理区，或是一种类型单位的通称，如草原景观、森林景观、城市景观、人文景观等（图1-1）。景观还有风景、景致或景色之意，指具有艺术审美价值和观赏休闲价值的景物。

草原景观　　　　　　　　　　　森林景观

城市景观　　　　　　　　　　　人文景观

图1-1　不同类型的景观

在我国艺术史中，景观与中国山水画和古代园林艺术有着密不可分的关系。中国山水画和古代园林艺术为现代景观规划设计提供了许多宝贵的经验技术及设计思想，如因地制宜、天人合一、道法自然等。明末时期的《园冶》❶是中国古代造园专著，也是中国第一本园林艺术理论专著。

在西方，景观的概念最早源于风景画。大约在17世纪时，景观成为

---

❶　《园冶》是中国第一本园林艺术理论专著，由明末造园家计成在江苏仪征所著，于崇祯四年（公元1631年）成稿，崇祯七年（1634）刊行。全书共3卷，附图235幅。

绘画的专门术语，指的是陆地风景画。1858年，美国社会活动家兼设计师奥姆斯特德（Frederick Law Olmsted）❶首次提出了景观建筑学的概念。1885年，景观的概念被引入地理学。20世纪初，德国自然地理学家和苏联景观地理学家杜库恰耶夫（Dokuchaev）等人的学术思想中也提到了景观的概念。

不同的科学领域对景观的概念有着不同的理解。例如，地理学家侧重于自然；艺术家侧重于审美，把景观作为表现与再现的对象，将其等同于风景；园林师把景观作为建筑物的配景或背景；生态学家把景观定义为生态系统；旅游学家把景观当作资源，侧重于形成生态环保化；城市美化运动者和房地产开发商将景观等同于城市的街景立面、霓虹灯，以及房地产中的园林绿化、小品、喷泉叠水。

我们可以把对景观的多种理解概括为以下几点。

①风景——视觉审美过程的对象。

②栖居地——人类生活的空间和环境。

③生态系统——具有结构和功能、内在和外在联系的有机系统。

④符号——记载人类过去，表达希望和理想，人类赖以认同和寄托的语言和精神空间。

综上所述，我们可以把景观的概念界定为土地及土地上的空间和物质构成的综合体，是复杂的自然过程和人类活动在大地上的烙印。

（二）景观规划设计的概念

景观规划设计是指在某一区域内创造一个具有形态、形式因素的较为独立的、具有一定社会文化内涵及审美价值的景物。这个景物必须有以下两个属性。

一是自然属性，即景物必须具有光、形、色、体的可感因素，具有一定的空间形态，较为独立，并且易从区域形态背景中分离出来。

---

❶　奥姆斯特德是美国19世纪下半叶最著名的规划师和风景园林师，于1822年出生于美国康涅狄格州哈特福德。他的设计覆盖面极广，包括公园、公共广场、半公共建筑、私人产业等，对美国的城市规划和风景园林设计具有不可磨灭的影响。

二是社会属性，即景物必须具有一定的社会文化内涵、观赏功能、使用功能，能够改善环境，并且其内涵能够引发人的情感、意趣、联想、移情等心理反应，即具备景观效应。

就目前而言，景观规划设计主要包括规划设计和具体空间环境设计两个方面。其中，规划设计包括场地规划、土地规划、控制性规划、城市设计和环境规划等方面；具体空间环境设计就是狭义的景观规划设计。

狭义的景观规划设计是指通过科学和艺术手段，对景观要素进行合理的布局与组合，在某一区域内创造一个具有某一形态或形式、较为独立的、具有一定社会内涵和审美价值的景物。其主要设计要素包括地形、水体、植被、建筑、构筑物以及公共艺术品（景观小品）等；其主要设计对象是户外开放空间，包括广场、步行街、居住区环境、城市街头绿地以及城市滨湖、滨河地带等。景观规划设计的目的不仅在于满足人类的工作、生活、游憩需要，还在于提高人类的生活品质和精神层次。广义的景观规划设计是从大规模、大尺度的角度出发，对景观进行分析、设计、管理和保护，其核心是对人类户外生存环境的建设。对景观的设计与改造，可以不断改善人类与自然的关系，进而创造一种文明和谐的生活方式，帮助人类重新建立与自然的统一。国家对自然风景区的保护和对生物多样的湿地的保护即有此作用，如图1-2所示。

吉林省长春市净月潭国家森林公园　　　　安徽省安庆市太湖花亭湖国家湿地公园

图1-2　自然景区景观

（三）景观规划设计学的概念

从人类所处的外部世界的角度来说，景观可以分为三类，即自然景

观、人工景观和半人工景观。

目前，国内各高校的景观规划设计专业设置名目众多，分散在建筑学、园林学、地理学、艺术学等一级学科中，而且学术界对于学科名称的争论也一直没有结束。事实上，无论称谓如何，景观规划设计学的研究和探索工作都跳不出自然景观、人工景观和半人工景观这三大范围。正如我们在谈到建筑时，不能把古典建筑、现代建筑分成不同学科，因为它们是一脉相承的建筑文明，虽然有截然不同之处，但是它们都基于建筑学科的共同的基本理论和基本原理。我们今天谈论的景观规划设计学同它的历史源头，即景观园林学已经大不相同，同时它作为一门学科仍在不断向前发展。

如今，在国际上，景观规划设计学已经成为一个非常广阔的专业领域，其概念已经扩大到地球表层规划的范畴，涵盖了从花园和其他小尺度的工程到大的生态规划、流域规划和管理，以及建筑设计和城市规划的相当一部分内容和基本原理，在更大的范围内为人们创造着经济、适用、美观且令人舒适愉悦的生存空间。

关于景观规划设计，赫勃特·西蒙（Herbert Simon）于1968年在《工艺科学》（*The Science of Artificial*）中写道："所谓设计，就是找到一个能够改善现状的途径。"没有人能够准确地预测未来的景观，但是几千年的实践已经证明，景观和社会的生产方式、科学技术水平、文化艺术特征有着密切的联系，它同建筑一样反映着人类社会的物质水平和精神面貌，反映着它所处的时代的特征。

二、景观规划设计的意义

20世纪80年代，联合国教科文组织提出了一个面向21世纪的口号："人类—自然，艺术为环境服务"。

景观规划设计作为一门对人类周边环境进行艺术上的美化、技术上的优化的学科，其产生和发展对于人类社会的发展具有不容忽视的意义。

（一）景观规划设计学科的建立是人类生存的历史性要求

广义的环境是指生物体周边的一切影响生物体的外在状态，所有生物，包括人类都无法脱离这个环境。"人"这一概念是指在某一特定的时间，具有某种背景（文化传统、民族特点等）、某种社会关系，生存于某一环境之下的人。随着人类社会和科学技术的发展，人们从对私密空间、公共空间的划分出发，从建筑物这一角度，把环境分为室内与室外两部分。环境对人的重要性，不仅表现在人作为生物体必须占有一定的环境空间，而且表现在人在生存情感与行为心理上对环境有不能割舍的依赖性（生活方式、文化、地域、传统等）。

从人类的建造历史来看，人类对塑造和改善环境及环境景观的愿望执着而强烈，因而创造出了精彩纷呈的建筑史、园林史与城镇建设史。这些历史已经或正在成为人类文明的重要组成部分。例如，埃及的金字塔、巴比伦的"空中花园"、伊壁鸠鲁（Epicurus）[1]的文人园、雅典卫城、文艺复兴时期的埃斯特庄园[2]、巴洛克式的凡尔赛宫、英式庭园、中国明清时期的皇家园林及建筑群、中国江南的私家园林（现今保存尚好的有苏州的环秀山庄、网师园、狮子林，南京的瞻园、熙园，上海的豫园，无锡的畅春园等）、日本有名的"枯山水""草庭写意"庭园等。虽然上述园林和建筑多体现了历史上"有钱""有权""有闲"阶层对室外环境景观的追求，但实际上普通大众在有限的条件下，也会弄花植树、粉饰外墙。例如，考古发现意大利庞贝古城（公元前6世纪—公元79年）的普通居民住宅中，不仅有林荫小径、人工种植的花草，还有室外壁画；日本人在居住环境狭小的条件限制下，创造出了"箱庭"这一独特的室外景观装饰美化手法。

因此，我们可以认为，人类由于对环境不可或缺的心理、生理及情感依赖性，在相对解决了居住问题后，对周边环境景观的美的追求始终

---

[1] 伊壁鸠鲁，古希腊哲学家、无神论者（被认为是西方第一个无神论哲学家）、伊壁鸠鲁学派创始人。他的学说的主要宗旨是要达到不受干扰的宁静状态，并要学会快乐。

[2] 埃斯特庄园（Villa D'Este）作为意大利台地园的典范，与兰特庄园（Villa Lant）、法尔耐斯庄园（Villa Farnese）并称"文艺复兴中期三大名园"。

不曾间断。在此背景下，人类创造出了许多与之相关的专门理论。所以说，对于室外环境改善美化这一人类一直非常重视的问题，建立"景观规划设计"这一学科，对前人的经验、理论加以研究总结，并使之更加深化、丰富，以更好地指导完善景观规划设计，是十分有必要的。

（二）重视景观规划设计是当今社会的需求

1960年，在日本东京举行的世界设计大会的会议执委会中的环境设计部集中了城市规划、建筑设计、室内设计、园林设计等各个领域的专家学者。该设计大会曾提到："科学技术的发达引起了经济社会的急剧变化，人们的生活环境受到种种威胁，从高速公路那种超人性的装置到个人的小庭园，作为生活环境都必须确定一贯的视觉。"

人类的历史进程在经历了19世纪的工业大革命之后，实现了非常迅猛的发展，社会生产力水平得到了极大的提高。如今，城市的规模越来越大，因此有人说人类生活在由钢筋、水泥、玻璃组成的"丛林"中。这种状况使得许许多多的人与曾与之一体化的自然环境越来越疏离，转而沉溺于现代人工环境，同时人与人之间生活环境的相似性也在变强（日常的生活场景有限、"千城一面"的相似性）。在此背景下，人类的生活环境出现了各种问题，如城市人口过密，交通拥挤，空气、水、噪声污染，气候反常等。

这一切使得生活在人工环境中的人在精神心理、生理行为乃至于社会生活等诸多方面都面临着许多困扰性问题，如生活节奏过快、易于疲劳、孤独、人际关系疏离、人情冷淡、生活缺乏目的性和满足感等。因此，现代人越来越希望在某种程度上改善这种生存境态，接近自然、放松身心。例如，一些人热衷于旅游，就是为了接近自然，转换身处的场景和自身的社会角色；人们在选择居住、办公等场所时，不仅要了解建筑物本身是否适合人们使用，更要看它的外观是否具有美感，其所处的环境位置是否近山近水，其周边的环境景观（如绿化等）是否优美，等等。在此背景下，人们不再满足于简单的环境美化，对室外景观规划设计的需求越来越强烈，要求也越来越高。因此，在当今的社会境况下，

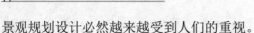

景观规划设计必然越来越受到人们的重视。

（三）关注景观规划设计是人类建设发展和环境保护的要求

从历史和人类社会发展的总趋势来看，人类对其自身环境的塑造和改善呈现出一种必然性。对于人类的一些建设发展活动，如城市规模的扩大、城市中常见的"拆旧立新"的建设活动、人类活动区域向自然界的大规模延伸、在"全球一体化"情境下的不同区域文化传统的融合与对立等，景观规划设计都为之提供了一些新的、与其他学科侧重面不同的思考和研究方式。例如，对于城市中老建筑的保护，文物保护部门可能更多的是从老建筑的个体文物价值去考虑保护还是拆毁，而景观规划设计则是在考虑个体文物价值的基础上，侧重于考虑老建筑的空间情感辐射范围、周边的人文氛围及其潜在的景观基础。因此，保护老建筑的问题经常涉及是要保护一幢建筑还是要保护一片建筑的思考。又如，城市规模快速扩张、生活方式的急速变化，对不同的人的情感心理产生的不同影响。这一问题常被湮没于对"高速发展"的狂热追求之中，但正是景观规划设计要予以关注和解决的问题。景观规划设计是科学技术与艺术相交汇而产生的，由于艺术可以直接面对人的心理情感，景观规划设计更倾向于关怀人情、人性，以人为本。

如果说人类改变自然环境是基于人类生存发展的需要而产生的一种必然性的趋势，那么在当今世界，面对日益被消耗的自然资源、人口的增长、生物物种的消亡以及日渐恶化的空气、水环境，环境保护问题应当受到广泛的重视。我们应该持有并关注这样一种理念：在今天，人类的每一种生产及生活行为都涉及环境保护问题。景观规划设计作为一种人类针对环境的营造活动，更应该重视生态与环保。因此，在设计及建造活动中，应对整体环境保持一种尊重谦恭的姿态，尽量减少资源消耗，重视使用可再生材料。一个有序、优良的景观规划设计不仅可以为人们提供更便利、安全、实用、美观的室外活动空间，而且可以有计划、合理地、保护性地利用人类的周边环境，为生态环境可持续发展以及生态文明建设做出贡献。

第二节 景观规划设计的构成要素

一、地形

"造景必相地立基，方可得体。"地形是地表的外观，是景观的基底和骨架，地形地貌是景观规划设计最基本的场地和基础。从景观的角度出发，可以将地形分为平坦地形、凸地形、凹地形、山脊、谷地等。

（一）平坦地形

平坦地形是指任何土地的基面应在视觉上与水平面相平行，但在真实的环境中，并没有完全水平的地形统一体。这是因为所有地形都有不同程度的坡度。

平坦地形是所有地形中最简明、最稳定的地形，具有静态、稳定、中性的特征，能够给人舒适和踏实的感觉。这种地形在景观中应用较多。例如，为了组织群众进行文体活动及游览风景，便于接纳和疏散群众，可将平坦地形作为集散的广场、观赏景色的停留地点、活动场所等；再如，公园必须设置一定比例的平地，因为平地过少会难以满足广大群众的活动要求。

（二）凸地形

凸地形比周围环境的地势高，视线开阔，具有延伸性，空间呈发散状。凸地形是现有地形中最具抗拒重力感同时又代表权力和力量的类型，其表现形式有丘陵、山峦以及小山峰等。凸地形的作用有两个方面：一方面，它可组织成为观景之地；另一方面，因地形高处的景物突出明显，可成为造景之地。

（三）凹地形

凹地形在景观中被称为"碗状注地"，地势比周围环境低，有内向性和保护感、隔离感。凹地形的视线通常较封闭，且封闭程度取决于凹地形的绝对标高、脊线范围、坡面角、树木和建筑高度等。凹地形的空间呈集聚性，易形成孤立感和私密感。凹地形并非是一片实地，而是不折不扣的空间；当与凸地形相连接时，凹地形可完善地形布局。凹地形的坡面既可观景，也可布置景物。

凹地形的形成一般有两种形式：一是地面某一区域的泥土被挖掘而形成凹地形；二是两片凸地形并排在一起而形成凹地形。凹地形是景观中的基础空间，也是户外空间的基础结构，人们的大多数活动都在凹地形中进行。在凹地形中，空间制约的程度取决于周围坡度的陡峭和高度以及空间的宽度。

凹地形是一个具有内向性和不受外界干扰的空间，可将处于该空间中的任何人的注意力集中在其中心或底层。凹地形通常给人一种侵略感、封闭感和私密感，在某种程度上也可起到避免受到外界侵犯的作用。

（四）山脊

山脊是连续的线性凸起型地形，有明显的方向性和流线性。可以这样说，山脊就是凸地形"深化"的变体，与凸地形相类似。山脊可以限定户外空间边缘，调节其坡上和周围环境中的小气候。此外，山脊也能提供一个具有外倾于周围景观的制高点。

沿脊线有许多视野供给点，而山脊终点景观的视野效果最佳。设计游览路线时应当顺应地形的方向性和流线性，如果路线和山脊线相抵或垂直，就容易在游览的过程中感到疲劳。

（五）谷地

谷地是一系列连续和线性的凹形地貌，具有方向性，其空间特性和山脊地形正好相反，与凹地形相似。谷地在景观中是一个低点，具有实空间的功能，可供人们进行多种活动。

二、园路

园路是指观赏景观的行走路线，是景观的动线。园路起着导游的作用，组织着景观的展开和游人观赏的程序，同时具有构景作用。根据不同的分类方式，可将园路分为多种类型。下面将简要介绍几种常见的园路类型。

（一）按性质和功能分类

1. 主干道

主干道联系全园，必须考虑通行、生产、消防、救护、游览车辆的要求。主干道贯通整个景观，联系主要出入口与各景观区的中心、各主要广场、主要建筑、主要景点。主干道两侧通常种植高大乔木，形成浓郁的林荫，乔木间的间隙可构成欣赏两侧风景的景窗。

2. 次干道

次干道散布于各景观区之内，联系景区内各景点、建筑，两侧绿化以绿篱、花坛为主。次干道可通轻型车辆及人力车，路宽一般为3～4 m。

3. 游步道

游步道路宽应能满足两人行走，一般为1.2～2 m，小径可为0.8～1 m。有些游步道上铺有鹅卵石，在其上行走能按摩足底穴位，既能达到健身目的，又不失为一个好的景观。

主干道、次干道、游步道如图1-3所示。

主干道   次干道

图1-3

游步道

图1-3 主干道、次干道、游步道

（二）按路面材料分类

1. 整体路面

整体路面是指整体浇筑、铺设的路面，具有平整、耐压、耐磨、整体性好的特点，常采用的材料有水泥混凝土、沥青混凝土等（图1-4）。

图1-4 整体路面

沥青铺装具有良好的环境普遍性、平坦性和弹性，但是其物理性能不稳定且其外观不美观。对此，可加入颜料或骨料进行透水性处理，利用彩色沥青混凝土，通过拉毛、喷砂、水磨、斩剁等工艺，做成色彩丰富的各种仿木、仿石或图案式的整体路面。

混凝土铺装采用的是最朴实、价廉物美、使用方便的材料，可以创造出许多质感和色彩搭配，适用于人行道、车行道、步行道、游乐场、停车场等场所的地面装饰。混凝土铺装具有良好的平坦性、尺寸规模可选择性、良好的物理性能，但其弹性低，易裂缝，不美观。对此，可加入矿物颜料彩色水泥、彩色水磨石地面进行铺装。

2. 块材路面

块材路面是指利用规则或不规则的各种天然、人工块材铺筑的路面，是园路中最常使用的路面类型。块材路面常用的材料包括强度较高、耐磨性好的花岗岩、青石板等石材，以及一级地面砖、预制混凝土块等。

利用形状、色彩、质地各异的块材，通过不同大小、方向的组合，可以构成丰富的图案，不仅具有很好的装饰性，还能增强路面防滑性能、减少路面反光（图1-5）。

图1-5　块材路面

天然石材种类繁多，质地良好，色彩丰富，表现力强，各项物理性能良好，易与各类自然景观元素相协调，能够营造不同的环境氛围。

花岗岩是高档铺装材料，耐磨性好，具有高雅、华贵的效果，但是成本高、投资大。

毛面铺地石是以手工打制而成，即在产品表面打造出自然断面、剁斧条纹面以及点状，如荔枝表皮面或菠萝表皮面等效果，其材质以花岗石为主。

机刨条纹石为了防滑并增强三维效果,有剁斧石、机刨石、火烧石等类型。

瓷砖(陶板砖、釉面砖)种类繁多,物理性能良好,色彩丰富,适用于不规则空间和复杂的地形,但其承载力不强,缺乏个性与艺术性。

3. 碎料路面

碎料路面是指利用碎(砾)石、卵石、砖瓦砾、陶瓷片、天然石材、小料石等碎料拼砌铺设的路面,主要用于庭院路、游步道。由于材料细小、类型丰富,可以拼合成各种精巧的图案,形成观赏度较高的景观路面,如传统的花街铺地。碎料路面如图1-6所示。

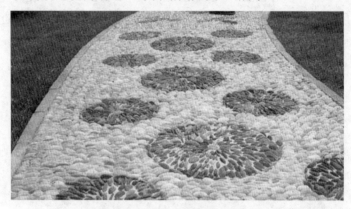

图1-6 碎料路面

砂石地面具有较强的可塑性和象征性,可以做成“枯山水”来表现水的意象,同时可以与石景、水景结合产生丰富的空间意境。

卵石地面是景观铺装中常用的一种路面类型,适宜应用于水边或林间场地和道路。其铺设风格较为多样,可以利用不同的色彩和形状做出较为随意的拼花,形成活泼、自然的风格;同时由于其形状不规则、多样化,适宜创造流动感。

木材作为室外铺装材料,适用范围有限。木质铺装能够给人以自然、柔和、舒适的感觉,但是容易腐烂、枯朽,需经过特殊的防腐处理。

4. 特殊路面

在实际的园路工程中，路面类型并无绝对分类，往往是块材路面、碎料路面互相补充，通过肌理、色彩、规则、硬质与软质等的结合，形成丰富多变的园路类型（图1-7）。

图1-7　特殊路面

三、铺装

铺装是指用各种材料进行地面铺砌装饰，包括园路、广场、活动场地、建筑地坪等。铺装在环境景观中具有极其重要的地位和作用，是改善开放空间环境最直接、最有效的手段。

铺装景观具有强烈的视觉效果，能够让人们产生独特的感受，给人们留下深刻的印象，满足人们对美感的深层次心理需求。铺装可以营造温馨宜人的气氛，使开放空间更具人情味与情趣，吸引人们驻足，在其中进行各种公共活动，进而使街路空间成为人们喜爱的城市高质量生活空间；同时，铺装还可以通过特殊的色彩、质感和构形加强路面的可辨识性，划分不同性质的交通区间，对交通进行各种诱导和暗示，从而进一步提高城市道路交通的安全性能。

根据不同的分类方式，铺装可以分为多种类型，下面将简要介绍几种常见的铺装类型。

（一）根据应用类型分类

铺装根据应用类型可分为广场铺装、商业街铺装、人行道道路铺装、停车场铺装、台阶和坡道铺装等。

1. 广场铺装

在进行广场铺装设计时，应把整个广场作为一个整体来进行整体性图案设计，统一广场的各要素，塑造广场空间感；同时，要注意对广场的边缘进行铺装处理，使广场具有明显的边界，形成完整的广场空间。

现代的广场大多数是公共性质的广场，可分为集会广场（政治广场、市政广场、宗教广场等）、纪念广场（陵园广场、陵墓广场等）、交通广场（站前广场、交通广场等）、商业广场（集市广场等）、文化娱乐休闲广场（音乐广场、街心广场等）、儿童游戏广场、建筑广场等。

①在集会广场中，硬质铺装应占很大面积，绿化面积应较小，且不宜有过多的高差变化。色彩上应选择纯度高、明度低的颜色，材料质感一般比较粗糙，要突出一种庄严、质朴的感觉（见图1-8左）。

②纪念广场的铺装应突出严肃、静穆的氛围，将人们的视线引到"纪念"的中心，常采用向心的图案布局来排列铺装材料（见图1-8右）。

佛罗伦萨市政广场　　　　　　　　辽沈战役纪念广场

图1-8　广场铺装

③交通广场的铺装应耐压、耐磨、变形小、不易破坏，同时应采用色彩明度高的材料，并使图案的设计相对轻松、活泼，以便加强交通广场的装饰性。

④商业广场的铺装要结合周围的商业氛围，可以选择亮丽一些的色调；材质应以光洁材料为主、以粗糙材料为辅，同时应考虑一定的弹性，以便缓解人们行走的疲劳感。铺装图案应当富有变化，以便体现现代商业热闹、活力的特点。

⑤文化娱乐休闲广场的铺装应因地制宜，与周围场地的环境相协调，而不必拘泥于形式。

⑥儿童游戏广场的铺装应根据儿童的年龄、心理、生理及行为特点进行一些有针对性的设计，选择鲜明的色彩；同时应尽量减少不必要的障碍物以及踏步、台阶，多采用坡道形式，尽量选择比较柔软的材料。

⑦建筑广场的铺装需要结合建筑整体的风格、形式来进行设计，对材质、纹理、色彩的要求比较高。

2. 商业街铺装

在商业街中，铺装尺度要亲切、和谐，使人们可以与空间环境对话，得到完全的放松。铺装色彩要注意与建筑相协调，可以采用与建筑有统一感的主色调铺装，强化街道景观的连续性和整体性。铺装细部设计色彩要亮丽、富于变化，以体现商业街的繁华景象。

3. 人行道铺装

人行道铺装的基本要求是强度高、耐磨、防滑、舒适、美观；在潮湿的天气能防滑，便于排水；在有坡之处，即使在恶劣气候条件下也能够供人安全行走。同时，人行道应造价低廉，有方向感与方位感，有明确的边界，有合适的色彩、尺度与质感。具体而言，色彩要考虑当地气候与周围环境；尺度应与人行道宽度、所在地区位置有正确的关系；质感要注意场地的大小，面积大时的质感可粗糙些，面积小时的质感不可太粗糙。

4. 停车场铺装

停车场的铺装应考虑材料的耐久性和耐磨性。常用的停车场铺装材料有嵌草砖、植草格、透水砖等。

5. 台阶和坡道铺装

台阶和坡道表面要具备防滑性能，同时台阶踏步前沿的防滑条心在颜色或材质上应与台阶整体有明显区分。

（二）根据铺装的材质分类

根据铺装的材质，可以将铺装分为柔性铺装和刚性铺装。

1. 柔性铺装

柔性铺装是由各种材料完全压实在一起而形成的，能够将交通荷载传递给下面的土层。这些材料在荷载作用下会发生轻微移动，因此在设计中应该考虑采用限制道路边缘的方法，防止道路结构的松散和变形。柔性道路常用的材料有砾石、沥青、嵌草混凝土、砖等。

2. 刚性铺装

刚性铺装是指由现浇混凝土及预制构件进行铺装。采用刚性铺装的路面有着相同的几何路面。在进行刚性铺装时，通常要在混凝土地基上铺一层砂浆，以形成一个坚固的平台，尤其是对那些细长的或易碎的铺地材料，因为其配置及加固都依赖于这个稳固的基础。刚性铺装常用的材料有石材、沥青混凝土、水泥混凝土等。

四、水体

喜水是人类的天性，一个城市会因山而有势，因水而显灵。为表现自然，水体设计是景观规划设计中的主要因素之一，也是设计的重点和难点。不论哪一种类型的景观，水都是其中最富有生气的因素。可以说，景观无水不活。

（一）水的特征

水体之所以成为设计者以及观赏者都喜爱的景观要素，除了水是大自然中的普遍存在之外，还与水本身的特征分不开。

1. 水具有独特的质感

水是无色透明的液体，具有其他要素无法比拟的质感，这一点主要体现在水的"柔"性上。与其他要素相比，水具备独特的"柔"性，即

"柔情似水"。山是"实"，水是"虚"；山是"刚"，水是"柔"。此外，水的独特质感还表现在水的洁净，水清澈见底而无丝毫的躲藏。

2. 水具有丰富的形式

水是无色透明的液体，其本身无形，但其形式会随外界而变。例如，在大自然中，水有江、河、湖、海、潭、溪流、山涧、瀑布、泉水、池塘等不同的形式；在人类生活中，水的形态取决于盛水容器的形状，即盛水容器不同，水的形态也不同。

不同的水面给人以不同的想象和感受。水面大者如浩瀚之海，水面小者如盆、如珠；水面大者波澜壮阔，水面小者晶莹剔透。

3. 水具有多变的状态

水因重力和外界的影响，呈现出以下四种不同的动静状态。

①平静的水体，安详、朴实。

②水因重力而流动，奔涌向前，毫无畏惧。

③水因压力向上喷涌，水花四溅。

④水因重力而下跌，形成诸如湖泊、溪涧、喷泉、瀑布等不同的状态。

此外，水也会因气候的变化呈现多变的状态。液态是水的常态，而水还有固态和气态，不同的状态具有不同的境界。水多变的状态与动静两宜的特点都能够给景观空间增加丰富多彩的内容。

4. 水具有自然的音响

运动着的水，无论是流动、跌落、喷涌还是撞击，都会发出不同的音响。水还可与其他要素结合发出自然的音响，如惊涛拍岸、雨打芭蕉等，都是自然赋予人类最美的音响。利用水的音响，通过人工配置能够形成别致的景点，如无锡寄啸山庄的"八音涧"。

5. 水具有虚涵的意境

水具有透明而虚涵的特性，表面清澈，能够呈现倒影，带给人亦真亦幻的迷人境界，体现出"天光云影共徘徊"的意境。

总之，水具有其他要素无可比拟的审美特性。因此，在景观规划设计中，可以通过对景物的恰当安排，充分体现水体的特征，充分发挥景观的魅力，予景观以更深的感染力。

（二）水体的类型

水的形态多样、千变万化，因此水体的类型也相当丰富，具体可做如下划分。

1. 按水体的形式分类

（1）自然式的水体

自然式的水体，是指保持天然的形状或模仿天然形状的江、河、湖、溪、涧、泉、瀑等。自然式的水体岸形曲折，富于自然变化，其形态不拘一格，灵活多变。

（2）规则式的水体

规则式的水体是指人工开凿的呈几何形状的水面，如规则式水池、运河、水渠、方潭、水井，以及呈几何体的喷泉、叠水等。

规则式水体讲究对称严整，岸线轮廓均为几何形，富于秩序感，易于成为视觉中心，但处理不当则会显得呆板。因此，规则式水体常设喷泉、壁泉等，以使水体更加生动。

（3）混合式的水体

混合式的水体，顾名思义就是前两者的结合，一般选用规则式水体的岸形，局部则常采用自然式水体来打破人工的线条。

2. 按水流状态分类

（1）平静的水体

平静的水体包含大型水面、中小型水面和景观泳池三大类。其中，大型水面又可分为天然湖泊、人工湖；中小型水面可分为公园主体水景和小水面；景观泳池可分为人造沙滩式泳池和规则式泳池两类。

（2）流动的水体

流动的水体可以分为大型河川、中小型河渠及溪流等。

（3）跌落的水体

跌落的水体可以分为水帘瀑布、跌水和滚槛（指水流越过下面阻拦

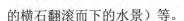

的横石翻滚而下的水景）等。

（4）喷涌的水体

喷涌的水体可分为单喷（指由下而上单孔喷射的喷泉）、组合喷水（指由多个单孔喷泉组成的喷泉）以及复合喷水（指采用多层次、多方位和多种水态组成的综合体复合喷泉）。

3. 按水体的使用功能分类

观赏的水体一般较小，主要为构景之用，水面有波光倒影，能够成为风景透视线。观赏的水体可设岛、堤、桥、点石、雕塑、喷泉、种植水生植物等，岸边可做不同处理，以构成不同的景色。

开展水上活动的水体，一般需要较大的水面、适当的水深、清洁的水质，水底及岸边最好有一层砂土，同时岸坡要平缓。

五、植物

植物是景观营造的主要素材，景观绿化能否达到实用、经济、美观的效果，在很大程度上取决于景观植物的选择和配置。

景观植物种类繁多，形态各异。按形态和习性分类，景观植物可以分为以下几类。

（一）乔木

乔木是指树身高大的木本植物。乔木由根部生成独立的主干，树和树冠有明显区分，分枝点在2 m以上，整体高度通常在5 m以上。

乔木是植物景观营造的骨干材料，形体高大，枝叶繁茂，绿量大，生长年限长，景观效果突出，在植物造景中占有举足轻重的地位，如木棉、松树、玉兰、白桦等。

以冬季或夏季落叶与否为依据，乔木可以分为落叶乔木和常绿乔木。

以观赏特性为依据，乔木可以分为常绿类落叶类、观花类、观果类、观叶类、观枝干类、观树形类等。

以高度为依据，乔木可分为伟乔（31 m以上）、大乔（21～30 m）、中乔（11～20 m）、小乔（6～10 m）四级。

（二）灌木

灌木是指那些植体矮小，没有明显的主干，呈从生状态的树木，一般可分为观花、观果、观枝干几类。常见的灌木有玫瑰、杜鹃、牡丹、女贞、紫叶小檗、黄杨、铺地柏、连翘、迎春、月季等。

（三）藤本植物

藤本植物也称为"攀缘植物"，是指自身不能直立生长，需要依附他物或匍匐于地面而生长的木本或草本植物。根据其习性，藤本植物可分为缠绕类、卷攀类、吸附类、蔓生类等。

①缠绕类：通过缠绕在其他支持物上生长的植物，如牵牛、使君子、西番莲。

②卷攀类：依靠卷须攀缘到其他物体上的植物，如葡萄、炮仗花以及苦瓜、丝瓜等瓜类植物。

③吸附类：依靠气生根或吸盘的吸附作用而攀缘到其他物体上的植物，如常春藤、凌霄、合果芋、龟背竹、爬墙虎、绿萝等。

④蔓生类：这类藤本植物没有特殊的攀缘器官，攀缘能力较弱，主要是因为其枝蔓木质化较弱，不够硬挺，易于下垂，如野蔷薇、天门冬、三角梅、软枝黄蝉、紫藤等。

（四）竹类

竹类属于禾本科的常绿乔木或灌木，干木质浑圆，中空而有节，皮多为翠绿色，也有呈方形、实心及其他形状和颜色的竹，如紫竹、金竹、方竹、罗汉竹等。

（五）花卉

花卉是指姿态优美、花色艳丽、花香郁馥，具有观赏价值的草本和木本植物（以草本植物为主），是景观中重要的造景材料，包括一、二年生花卉和多年生花卉。花卉既有常绿的，也有冬枯的。

花卉种类繁多，色彩、株型、花期变化很大。景观规划设计中常用的花卉有金盏菊、花叶羽衣甘蓝、波斯菊、百合、长春花、雏菊、翠

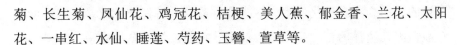

菊、长生菊、凤仙花、鸡冠花、桔梗、美人蕉、郁金香、兰花、太阳花、一串红、水仙、睡莲、芍药、玉簪、萱草等。

（六）地被植物

地被植物是指用于覆盖地面的矮小植物，既有草本植物，也包括一些低矮的灌木和藤本植物，高度一般不超过0.5 m，如高羊茅、狗牙根、天鹅绒草、结缕草、马尼拉草、冬麦草、四季青草、三叶草等。

草坪是地被植物的一种，是经人工建植后形成的具有美化和观赏效果的草本植物，是能供人休闲、游乐和进行适度体育运动的坪状草地。用作草坪的植物一般是可以形成各种人工草地的生长低矮、叶片稠密、叶色美观、耐践踏的多年生草本植物。

按照不同的用途，草坪可分为以下几种类型。

1. 游憩性草坪

游憩性草坪一般建植于医院、疗养院、机关、学校住宅区、家庭庭院、公园及其他大型绿地之中，供人们工作之余休憩使用。其面积可大可小，允许人们入内活动，管理比较粗放。

2. 观赏性草坪

观赏性草坪也称为"装饰性草坪"，是绿地中专供观赏用的草坪，不能入内游乐，如铺设在广场、道路两边或分车带、雕像、喷泉或建筑物前以及花坛周围，独立构成景观或对其他景物起装饰陪衬作用的草坪。

3. 运动场草坪

运动场草坪是指专供开展体育运动的草坪，如高尔夫球场草坪、足球场草坪、网球场草坪、赛马场草坪、垒球场草坪、滚木球场草坪、橄榄球场草坪、射击场草坪等。此类草坪一般采用韧性强、耐践踏、耐频繁修剪的草种。对运动场草坪的管理要求精细，以便形成均匀整齐的平面。

4. 护坡草坪

护坡草坪主要是为了固土护坡，不让黄土裸露，从而达到保护生态环境的目的，兼有美化作用。这类草坪需要具备保护和改善生态环境的功能，因此选择的草种必须适应性强、根系发达、草层紧密、抗旱、抗寒、抗病虫害的特点。这类草坪一般面积较大，管理粗放。

5. 其他草坪

除上述几类草坪外，还有一些应用于特殊场所的草坪，如停车场草坪、人行道草坪。这类草坪多在停车场或路面铺设的空心砖内填土建植，要求草种适应能力强、耐践踏和干旱。

（七）水生植物

水生植物是指生长在水中、沼泽或岸边潮湿地带的植物。根据生态习性、适生环境和生长方式，可以将水生植物分为挺水植物、浮叶植物、沉水植物以及岸边耐湿植物四类。

1. 挺水型水生植物

挺水型水生植物是指茎叶挺出水面的水生植物。挺水型水生植物植株高大，花色艳丽，绝大多数有茎、叶之分，直立挺拔，下部或基部沉于水中，根或地茎扎入泥中生长发育，上部植株挺出水面。

挺水型植物种类繁多，常见的有荷花、菖蒲、黄花鸢尾、千屈菜、香蒲、慈姑、风车草、荸荠、水芹、水葱等。

2. 浮叶型水生植物

浮叶型水生植物是指叶浮于水面的水生植物。浮叶型水生植物的根状茎发达，花大色艳，无明显的地上茎或茎细弱不能直立，而它们的体内通常贮藏有大量的气体，能够使叶片或植株漂浮于水面上。

常见的浮叶型水生植物有王莲、萍蓬草、荇菜、睡莲、凤眼莲、红菱等。

3. 沉水型水生植物

沉水型水生植物是指整个植株全部没入水中，或仅有少许叶尖或花朵露出水面的水生植物，其通气组织特别发达，能够在空气极度缺乏的环境中进行气体交换。沉水型水生植物花小且花期短，以观叶为主。沉水型水生植物对水质有一定的要求，因为水质会影响其对弱光的利用。

此外，沉水型水生植物能够在白天制造氧气，有利于平衡水中的化学成分，促进鱼类的生长。

常见的沉水型水生植物有金鱼藻、红蝴蝶、香蕉草等。

4. 岸边耐湿植物

岸边耐湿植物主要是指生长于岸边潮湿环境中的植物，有的甚至根系长期浸泡在水中。常见的岸边耐湿植物有落羽松、水松、红树、水杉、池杉、垂柳、旱柳、黄菖蒲、萱草、落新妇等。

六、游憩类景观建筑

游憩类景观建筑是供人休息赏景的场所，同时其本身也是景观规划设计中的构图中心。游憩类景观建筑的主要形式包括亭、廊、榭、舫、厅堂、楼阁等，下面仅举几例做简要介绍。

（一）亭

亭是景观中最常见的一种景观建筑，在景观中有显著的点景作用，多布置于主要的观景点和风景点上，是增加自然山水美感的重要点缀。在设计亭时常运用对景、借景、框景等手法。

亭的形式有很多，从平面上划分有圆形、长方形、三角形、四角形、六角形、八角形、扇形等；从屋顶形式上划分有单檐、重檐、三重檐、攒尖顶、平顶、歇山顶等；从位置上划分有山亭、半山亭、桥亭、沿水亭、廊亭等。

（二）廊

廊是指建筑物前后的出廊，是室内外过渡的空间，是连接建筑之间的有顶建筑物。廊可供人在内行走，起导游作用，也可供人停留休息、赏景，同时也是划分空间、组成景区的重要手段，也可成为园中之景。

廊是长形观景建筑物，因此在设计廊时要主要考虑游览路线上的动观效果，这也是廊设计成败的关键。廊的各种组成，如墙、门、洞等是根据廊外的各种自然景观以及廊内游览观赏路线来布置安排的，以形成廊的对景、框景，空间的动与静、延伸与穿插，以及道路的曲折迂回。

廊从空间上可以说是"间"的重复，因此在设计时要充分注意这一特点，以保证廊有规律地重复，有组织地变化，从而形成韵律，产生美感。

廊从立面上突出表现了"虚实"的对比变化，但总体上仍以虚为主，这主要还是因为功能上的要求。廊作为休息赏景建筑需要开阔的视野，同时廊又是景色的一部分，需要和自然空间互相延伸，融化于自然环境中。

（三）榭

榭在景观中的应用极为广泛，以水榭居多。水榭是临水建筑，一般以平台深入水面，以提供身临水面之上的开阔视野。水榭立面较为开敞、造型简洁，与环境协调。

现存古典园林中的水榭实例的基本形式为：在水边架起一个平台，平台一半伸入水中，一半架于岸边；平台四周以低平的栏杆围绕；平台上建有一个木构架的单体建筑，其平面形式通常为长方形，临水一面特别开敞，屋顶常做成卷棚歇山式样，檐角低平轻巧。

在现代景观规划设计中，水榭有了更多的功能，形式也发生了很大变化，但仍然保留着其基本特征。

（四）舫

中国江南水乡的园林多以水为中心，于是造园家创造出了一种类似船的建筑形象——舫。游人身处其中，能取得仿佛置身舟楫的效果。

舫像船而不能动，所以又名"不系舟"，是古人从现实生活中模拟、提炼出来的建筑物，主要供游玩宴饮、观赏水景之用。

七、景观小品

景观小品与设施是专供休息、装饰展示的构筑物，是景观不可缺少的组成部分，能使景观更富于表现力。

景观小品一般体形小、数量多、分布广，具有较强的装饰性，对景观的影响很大。景观小品主要可以分为休憩、装饰、展示、服务、照明等几大类。

（一）休憩类景观小品

休憩类景观小品包括圆凳、圆椅、圆桌、遮阳伞、遮阳罩等，能够直接影响室外空间的舒适和愉快感。休憩类景观小品的主要目的是提供一个干净又稳固的地方，供人们休息、遮阳、等候、谈天、观赏、看书或用餐之用。休憩类景观小品多设置在室外，在功能上需要防水、防晒、防腐蚀，因此在材料上多采用铸铁、不锈钢、防水木、石材等。

（二）装饰性景观小品

装饰性景观小品包括花钵、花盆、雕塑、花坛、旗杆、景墙、栏杆等。在景观中起到点缀作用的装饰类景观小品，一般装饰手法多样，内容丰富。

栏杆主要起防护、分隔和装饰美化的作用，坐凳式栏杆还可供游人休息。需要注意的是，绿地中一般不宜多设栏杆，即使设置也不宜过高。设计栏杆时应该注意把防护、分隔的作用巧妙地与美化装饰结合起来。

（三）展示性景观小品

展示性景观小品主要包括指示牌、宣传廊、告示牌、解说牌等，主要用来进行精神文明教育、科普宣传、政策教育等，具有接近群众、利用率高、灵活多样、占地少、造价低和美化环境的优点。展示性景观小品一般常设在各种广场边、道路对景处或结合建筑、游廊、挡土墙等灵活布置。

根据具体环境情况，展示性景观小品可分为直线形、曲线形或弧形；根据断面形式，展示性景观小品可分为单面和双面；另外，展示性景观小品还有平面和立体展示之分。

（四）服务性景观小品

服务性景观小品主要包括售货亭、饮水台、洗手钵、垃圾箱、电话亭、公共厕所等，其体量虽然不大，但与人们的游憩活动密切相关，能够为游人提供方便。服务性景观小品融使用功能与艺术造景为一体，在景观中起着重要的作用。

饮水台分为开闭式及长流式两种，所用之水需能为公众饮用。

饮水台多设于广场中心、儿童游戏场中心、园路一隅等处,高度应在500～900 mm。在设置饮水台时需注意废水的排除问题。

洗手台一般设置在餐厅进口处、游戏场或运动场旁、园路一隅等处。

用餐或长时间休憩、滞留的地方一般设有大型垃圾桶。需要注意的是,设置在户外的垃圾桶容易积水,容易导致垃圾腐烂,因此垃圾桶的下部要设排水孔。此外,垃圾桶应符合环境条件并且颜色具有清洁感。

(五)照明用景观小品

灯具是景观环境中常用的室外家具,主要是为了方便游人夜行,渲染景观效果。灯具的种类很多,分为路灯、草坪灯、水下灯以及各种装饰灯具和照明器。

灯具的选择与设计要遵循以下原则。

①功能齐备,光线舒适,能充分发挥照明功效。

②灯具形态艺术性强,具有美感,同时光线要与环境相配合,以便形成亮部与阴影的对比,丰富空间的层次和立体感。

③与环境气氛相协调,用"光"与"影"来衬托自然美,并起到分割空间、改变氛围的作用。

④保证安全,灯具线路开关乃至灯杆设置都要采取安全措施。

第三节　景观规划设计的类型

一、标志性建筑景观规划设计

标志性建筑景观的主体是建筑本身,但它与其他建筑不同,它具备景观的某些性质,如悉尼歌剧院、巴黎埃菲尔铁塔、纽约自由女神像、伦敦大本钟等都是世界上著名的标志性建筑景观(图1-9)。标志性建筑能反映出整个城市的整体形象,可体现一种城市精神,是人们对城市形象与发展的一种精神性寄托与情感表达。

悉尼歌剧院

巴黎埃菲尔铁塔

纽约自由女神像

伦敦大本钟

图1-9　标志性建筑

　　建筑有其独立的艺术价值、形式语言、功能结构关系。关于景观与建筑的关系，是建筑引领景观的发展，还是景观规划建筑的设计，一直是建筑师与景观规划设计师争论的一个焦点。一个城市的标志性建筑，是经过多年的文化交流与文化积淀形成的，是不能够用金钱在短短的数年内就标记出来的。悉尼歌剧院、巴黎埃菲尔铁塔等建筑之所以能够成为一个城市的标志，并非只是在于建筑设计上的独特，更多的是因为其中蕴含着人文历史与周围环境的协调共生等因素，同时还包括民众认同度的原因。

　　在现代城市景观规划设计中，景观与建筑应该是互相作用的。建筑不能脱离环境而独立存在，景观环境也需要周围建筑的围合尺度与天际线变化关系，更需要有标志性建筑作为点睛之笔。

二、城市公园景观规划设计

公园经常被认为是钢筋混凝土沙漠中的绿洲。公园的自然要素能够带给人们视觉上的放松，使人们感受四季的轮回以及与自然界接触的感觉。城市公园景观是城市绿化体系的重要组成部分，是城市中的生态园。它以树木、草地、花卉为主，兼具人工构筑的景观要素，具有镶嵌度高、类型多样的特点。城市公园景观是一种开放性强、开度大，以自然的特色与魅力服务于人，可供人们娱乐、观演、餐饮、交流、集会等的绿色活动空间，能够为城市居民业余休息、文化活动等提供一个开放性、自由式的交流场所，对美化城市面貌和平衡城市生态环境、调节气候、净化空气等均有积极作用。

随着人们对空间使用的文化模式的深入理解，公园设计应该打破以往的旧规则、旧模式。人口、生活方式、价值观和心态的变化，使得公众需要大范围、多样化的休闲环境，因此对公园设计的讨论热点大都集中于多样化的需求——公园类型的多样化、传统公园中要素的多样化等。同时，随着时代的发展，人与自然之间新型关系的适应性和独特性，使得公园设计不断地模仿自然。无论是原始环境中的自然化休闲，还是前卫抽象的表达，都体现了人们对人与自然关系的文化态度。这一点主要体现在城市中的文化公园，如图1-10所示。

四川省成都市望江楼公园　　　　　　河北省邢台市历史文化公园

图1-10　文化公园

三、居住区景观规划设计

居住区环境是城市环境的重要有机组成部分。亲近宜人的居住环境是每个城市人的希望与需求，居住区景观环境质量的好坏直接影响着人们的生理、心理和精神需求。如今，如何协调人以及居住区环境与区域环境之间的关系已成为居住区景观规划设计的主题与目标，居住区景观形态已成为表达整个居住区形象、特色以及可识别性的载体。

居住区景观具有生活场所和公众活动场所的双重属性，既可给住户提供开放的公共活动场地，又可满足住户个人生活的需求。居住区公共场所可以通过绿化环境、设置景观小品和公共设施吸引住户，并为住户提供与自然万物交往的空间，进而从生活场所上和精神上创造和谐融洽的社会氛围。居住区景观规划设计如图1-11、图1-12所示。

图1-11 居住区水系规划设计

图1-12 居住区地面景观规划设计

四、商业区景观规划设计

商业区的活动功能主要有购物、餐饮、观演、娱乐交流等。因此，商业区景观规划设计应该更多地考虑商品的展销与人群疏散问题，从而设计出便捷的购物场所和休息场所。在商业区，人们的主要活动目的是购物，因此处理好人与商业性活动场所的关系是商业景观规划设计的主要目的。商业区景观多以硬质景观为主，大量的人流要求商业性景观必须具备开阔性和空气流通性，以缓解商业建筑展示性广场、娱乐设施、广告绿化、交通等混杂的空间构成给商业区广场带来的巨大压力。不同的商业区景观规划设计如图1-13所示。

广东省广州市某商业街设计

瑞士荷黑威哥商业街

俄罗斯阿尔巴特商业街

法国香榭丽舍商业街

图1-13　商业区景观规划设计

五、广场景观规划设计

广场是将人群吸引到一起进行静态休闲活动的城市空间形式。美国城市规划专家凯文·林奇（Kevin Lynch）认为，广场位于一些高度城市化区域的核心部位，被有意识地作为活动焦点，应具有可以吸引人群和便于聚集的要素；通常情况下，广场经过铺装，被高密度的建筑物围合，由街道环绕或与街道连通。总而言之，广场是一个人流密度较高、聚集性较强的高密度开放空间，其主要功能是供人漫步、闲坐、用餐或观察周围世界。与人行道不同的是，它是一处具有自我领域的空间，而不是一个用于路过的空间。不同的广场景观规划设计如图1-14所示。

北京天安门广场

莫斯科红场

布鲁塞尔广场

威尼斯圣马可广场

图1-14 不同的广场景观规划设计

六、道路景观规划设计

城市道路景观是指在城市道路中由地形、植物、建筑物、构筑物、绿化、小品等组成的各种物理形态。城市道路网是组织城市各部分的"骨架"，也是城市景观的窗口，代表着一个城市的形象。同时，随着社会的发展，人们生活水平的不断提高，人们对精神生活以及周边环境的要求也越来越高，因此相关人员必须重视城市道路的景观规划设计。景观道路的规划布置，往往能够反映出城市的景观面貌和风格。

七、公共设施景观规划设计

公共设施景观是景观规划设计中表现最普遍、最多样化的一种形态，遍布所有生活环境之中。公共设施景观是城市生活中不可或缺的设施，是现代室外环境的一个重要组成部分，有人称其为"城市家具"。公共景观设施具有一定的使用功能，可以直接提供特定功能的服务；公共景观设施还具有装饰功能，是景观规划设计中的重要造型要素，是城市景观的一部分，也是建筑景观的外在延伸。

进行公共设施景观规划设计时，应该以满足使用者的需求为主，在人性化的基础上考虑增加环境视觉美。因此，必须了解设施物的实质特征（如大小、质量、材料、生活距离等）、美学特征（如大小、造型、颜色、质感等）以及机能特征（品质影响和使用机能），并规划不同的设施设计与组合，使造型配置后能够形成一定的品质和感觉，充分发挥其潜能。

第二章 景观规划设计的艺术原理

景观规划设计是一门艺术，应当具有艺术性。鉴于此，本章将主要阐述景观规划设计的形式元素、形式美法则以及表现技法。

第一节 景观规划设计的形式元素

一、构成基础

从点到一度空间的线，从线到二度空间的面，从面到三度空间的体，每个要素首先都会被认为是一个概念性的要素，其次才会被认为是环境景观规划设计语汇中的视觉要素。作为概念性的要素，点、线、面和体实际上是看不到的，但是我们能够感觉到它们的存在。当这些要素在三度空间中变成可见的元素时，就会演变成具有内容、形状、规模、色彩和质感等特性的形式。当在环境景观中体现这些形式的时候，我们应该能够识别存在于其结构中的基本要素——点、线、面和体。

（一）点

点作为一个概念要素，没有大小、长度和宽度。在构成设计中，点可以排列成线，单独的点元素则可以起到加强某空间领域的作用。当大小相同、形态相似的点被整合并严谨地排成阵列时，会产生均衡美与整齐美；当大小不同的点被群化时，由于透视的关系会产生富于跳动的变化美。图2-1为亚特兰大里约购物中心庭院里的点阵陶蛙形成的点阵列。

图2-1　点阵陶蛙构成的点阵列

1. 点的线化

在空间中连续排列的点，会在视觉上产生一种线的感觉，这就是点的线化（图2-2）。点的线化是由点之间的引力关系形成的，而引力的大小和强度与点之间的距离和点的大小有关。一方面，距离较近的点之间的引力比距离较远的点之间的引力强；另一方面，在大小不同的两点之间，小点易被大点吸引，人的视线会按照从大到小的顺序移动。

2. 点的面化

点的集聚会产生面的感觉，而点本身的造型意义也会隐含于面的转化中。点的平均集聚会形成一种严谨的结构，具有严格的秩序性。疏密不同的点的集聚，则会产生明暗的变化。点排列越疏松，面就越虚淡；点排列越紧密，面就越实在。此外，点的大小和疏密，还会给面造成凹凸的立体感。因此，通过点的巧妙排列（如位置大小、疏密等的变

重庆市江北城中央公园

美国加利福尼亚州橘郡市镇中心广场

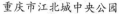
图2-2　点的线化

化），可表现曲面、阴影等极其复杂的立体效果。然而，这时的面只能呈现出朦胧和虚淡的特征，它和点的线化一样，将人们的设计意识指向了点以外的"线"和"面"。

（二）线

线是点运动的轨迹，又是面运动的开始。线只有位置、长度而不具备宽度和厚度。在构成艺术中，线条是对自然的抽象表现。在三维的自然空间中，一切物体都有其独自的空间位置和体积，占据一定的空间，而线是从这些体积中抽象概括出的物体的轮廓线、面与面之间的交界以及面的边沿等。

在构成设计中，线条在画面中的位置、长度、宽度及相应的形状、色彩、肌理等都是非常重要的，它们都有不同的性格和情感。与点强调位置与聚集不同，线更强调方向与外形。线从形态上可分为直线和曲线两大类，在景观规划设计中有相对长度和方向的回路长廊、围墙、栏杆、驳岸等均属于线。

1. 直线

直线在造型中常以三种形式出现，即水平线、垂直线和斜线。直线本身具有某种平衡性，能够给人以相对稳定的心理感受，同时具有一定的视觉冲击力，在平面空间中可以起到分割作用。

直线有时是设计师对自然独特的理解与表达。现代景观规划设计中就有许多运用直线创作出的引人注目的景观。例如，美国景观规划设计大师彼得·沃克（Peter Walker）在他的极简主义景观作品中运用了大量直线。在美国福特沃斯市伯纳特公园的设计中，他以水平线和垂直线为设计线性，用直交和斜交的道路、长方形的水池构架了整个公园，如图2-3所示。

图2-3　伯纳特公园景观规划设计

2. 垂直线

垂直线给人以庄重、严肃、坚固、挺拔向上的感觉，在景观规划设计中，常用垂直线的有序排列形成节奏、律动美，或加强垂直线以取得挺拔有力、高大庄重的艺术效果。例如，垂直线造型的疏密相间的栏杆及围栏、护栏等的有序排列能够形成有节奏的律动美；再如，景观中的纪念性碑塔是典型的垂直造型，充分体现了刚直挺拔、庄重的艺术特点，如图2-4所示。

图2-4　华盛顿纪念碑

3. 斜线

斜线动感较强，具有奔放、上升等特性，但运用不当会给人以不安定和散漫之感。斜线具有生命力，能表现出生气勃勃的走势，因此景观中的雕塑造型经常用到斜线。另外，斜线也常用于打破呆板沉闷的格局以形成变化，营造静中有动、动静结合的意境。重庆市的"百米倾斜大楼"就是利用斜线设计的典型实例，如图2-5所示。

图2-5　重庆市"百米倾斜大楼"

4. 曲线

曲线的基本属性是柔和性、变化性、虚幻性、流动性和丰富感。曲线主要分为两类：一是几何曲线，二是自由曲线。其中，几何曲线能表达饱满、有弹性、严谨、理智、明确的现代感，同时也会产生一种机械的冷漠感。相比于几何曲线，自由曲线更富有人情味，具有强烈的活动感和流动感。

曲线在景观规划设计中的运用非常广泛，桥、廊、墙、驳岸、建筑、花坛等都有曲线的存在，如图2-6所示。

（三）面

面是线的移动的轨迹，具有长度、宽度而无厚度。一般认为，视觉效果中相对较小的形是点，较大的则是面。在造型上，由面的合成或分割而形成的面的形态，比线的移动轨迹形成的面更丰富。

北京大兴国际机场航站楼　　　　　　凤凰国际传媒中心

图2-6　曲线的应用

具体而言，平面在空间中具有延展、平和的特性，而曲面则表现为流动、圆滑、不安、自由、热情。就设计而言，可以将面可以理解为一种媒介，主要用于对其他要素的处理，如纹理或颜色的应用；或者可以将面作为围合空间的手段。通常，面可以划分为以下四大类。

1. 几何形

几何形，也称"无机形"，是用数学的构成方式，由直线或曲线相结合而形成的面，通常具有数理性的简洁、明快、冷静和秩序感。常见的几何形如正方形、三角形、梯形、菱形、圆形、五角形等。

2. 不规则形

不规则形是指人为创造的自由构成形，是运用各种自由的、徒手的线形构成的形态。不规则形没有秩序，其形态的美感在于设计者的发现和再创造。不规则形是在设计者的主导意识下创造产生的，具有很强的造型特征和鲜明的个性。

3. 有机形

有机形是指一种不可用数学方法求得的有机体的形态，富有自然法则、秩序感和规律感，具有生命的韵律和纯朴的视觉特征。自然界中瓜果的外形、海边的小石头等都是有机形。

4. 偶然形

偶然形是指自然或人为偶然形成的形态，其结果无法被控制，通常具有一种不可重复的意外性和生动感，如随意泼洒、滴落的墨迹或水迹，天空的白云等。

（四）体

体是二维平面在三维方向的延伸。体有两种类型：一是由实体三维要素形成实体空间的体；二是由其他要素（如平面）围合成虚体空间的体。

概括地说，点、线、面、体是用视觉表达实体空间的基本要素。生活中我们见到的或感知的每一种形体都可以简化为这些要素中的一种或几种的结合。

体的作用主要包括以下三个方面。

1. 通过体积感营造雄伟、庄严、稳重的气氛

体积感是体的根本特征，是实力和存在的标志。在建筑形态设计中，经常利用体积感来营造雄伟、庄严、稳重的气氛。例如，古代庙宇和宫殿总是用巨大的体量表示神和君王的威慑力，或者表示对人力、自然力的歌颂以及对英雄、丰功伟绩的纪念，以唤起人的重视，激发人们敬仰的感情。

2. 通过体块构成形成独特的效果和强烈的视觉冲击力

造型中的半立体、点立体、线立体、面立体和块立体在景观中都是常见的构成要素。体块构成是景观规划设计中环境雕塑设计艺术和景观小品的主要表现方式。在景观规划设计中，通过各种几何形体的组合，如重复、并列、叠加、相交、切割、贯穿等，能够产生独特的效果和强烈的视觉冲击力。

3. 建筑物或构筑物的体块推敲与表达有利于创造群体空间序列，控制设计方案

在大尺度的环境景观规划设计中，掌握体的构成知识，运用各种美学法则调控和推敲建筑物或构筑物的体块关系、尺度、比例、材质、肌理、色彩、光影等，有利于创造良好的群体空间序列，同时有利于控制设计方案的成型与表达。

二、形态

景观是人们理想中的天堂，建造景观就是在大地上建造人间的天堂。对于一个景观规划设计师而言，对形态的理解、创造与使用的能力并非是与生俱来的，而是在不断地学习、训练与实践中获得的。在景观规划设计基础课程训练中，形态构成要素占有重要的地位，因为不论是景观规划设计师还是与景观规划设计行业相关的建筑设计师、城市规划师、环境艺术设计师等，要想设计出好的作品，就必须发现形态、了解形态以及创造形态。

（一）自然形态与抽象形态

自然形态是普遍可见的现实，是创造性设计活动的源泉之一，是灵感激发的动机之一，也是形成设计的形态风格和语言形式的文本之一，因此在设计中的应用极为广泛。

通常意义上的自然形态是指自然界本身具有的形态，即自然界中存在的有机形态和无机形态，如日、月、山、川、植物、动物等。自然形态能够在形状、质感、色彩上使人产生某种联想，进而成为设计创作的原体，使景观规划设计师在从事具体创作设计的过程中受到非常有益的启发。

工业革命的到来使景观规划设计、建筑设计、产品设计等行业的设计形态发生了很大的变化。1919年，德国包豪斯设计学院倡导的国际主义风格开始将抽象的几何形态引入建筑设计、景观规划设计；新艺术运动、装饰艺术运动中的自然装饰曲线被俄国构成主义、荷兰风格派等现代艺术运动中纯粹抽象的几何直线取代，纯粹的抽象形态与表现理论开始产生，并且在20世纪上半叶影响了世界范围内的设计与艺术。

抽象形态是对具象形态的高度升华和概括，是在认识自然的过程中，对客观存在由感性到理性发展的视觉创造。抽象形态的点、线、面、形、色等的变化能够体现人的情感，如在中国画艺术中，简练的抽象线条能勾勒出丰富的思想和精神。

（二）形态与设计

对于形态的分析，最终要落实到设计与艺术创作上来。自然形态对设计物象外表的影响，体现了一种对生态设计的态度。从大自然的一些生物基本形态乃至宇宙的宏观抽象构造中，设计师们都可以发现自然的构成秩序、和谐之美。自然的一切构成了动态与静态的和谐，而和谐使人类产生了美的意味，从而形成了美的形式法则。一件优秀的景观规划设计作品往往涉及对变化与统一、对比与协调、对称与均衡、比例与尺度、节奏与韵律等形式法则的运用，其最终的目的是和谐。可以说，人类的景观规划设计行为应当表现出对这种和谐的尊重，而不是轻视与破坏。同时，中国传统的"和合"观也应成为景观规划设计的要旨。

第二节　景观规划设计的形式美法则

一、多样与统一

多样与统一是景观规划设计形式美的最基本法则，也是一切造型艺术的普遍原则和规律。

多样是一种景观的对比关系（图2-7）。景观规划设计讲究变化，如在造型上讲究形体的大小、方圆、高低、宽窄的变化，在色彩上讲究冷暖、明暗、深浅、浓淡的变化，在线条上讲究粗细、曲直、长短、刚柔的排列变化，在工艺材料上讲究轻重、软硬、光滑与粗糙的质地变化。若能将以上对比因素处理得当，景观规划设计便能给人一种生动活泼、富有生机之感；反之，则容易使人产生杂乱无章之感。

统一是规律化，是一种景观协调关系。景观规划设计讲究统一，因此在设计时应注意图案的造型、构成、色彩的内在联系，把各个变化的局部统一在整体的有机联系之中，使设计的图案有条不紊、协调统一。需要注意的是，不可过分统一，否则容易给人呆板、没有生气、单调乏

图2-7 疏密对比景观

味之感。

总的来说，在景观规划设计中，要做到整体统一、局部有变化。为了达到整体统一，在设计中使用的线形、色彩等可以采用重复或渐变的手法。有规律的重复或渐变能够使图案产生既富有节奏又和谐统一的美感。关于局部变化，以线条为例，同样的线条，应注意疏密的变化、粗细的变化、长短的变化等，在平中求奇，从而使统一与多样的原则在景观规划设计中得到有机的结合，使设计出的作品既统一又富有生机。

二、对比与协调

对比与协调是一对矛盾统一体。对比是指将造型诸要素中某一要素内的显著差异或不同造型要素之间的显著差异组织在一起，进一步突出强化差异性的表现手法；协调是指尽可能地缩小差异，将对比的各部分有机地组织在一起的表现手法。

图2-8是玛莎·施瓦茨（Martha Schwartz）设计的拼合园（Splice Garden）设计图。施瓦茨把法国的巴洛克花园和日本的禅园林"拼接"在一起，并"种"上了修剪过的塑料植物。两种风格迥异的园林放在一起，在形式上产生了强烈的对比，但是统一的绿色又将它们有机地组合在一起。其中，植物的色彩、形式、方向均产生了较好的对比效果。

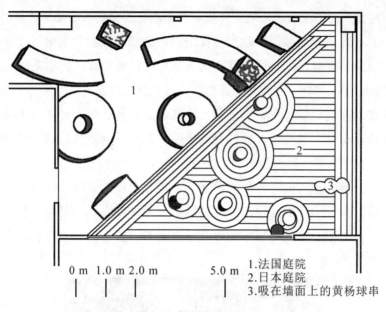

1.法国庭院
2.日本庭院
3.吸在墙面上的黄杨球串

0 m 1.0 m 2.0 m   5.0 m

图2-8　拼合园设计图

　　运用对比手法可以取得更好的视觉效果，但对比手法的运用不宜过多，否则会令人产生不愉快的感觉。适当运用对比手法便是协调。对比与协调只存在于统一性质的差异中，如体量的大小、线条的曲直、色彩的明暗、材料质感的粗糙与光滑等。协调手法在设计中也得到了广泛的应用，易于被接受。

　　总的来说，在景观规划设计中，要遵循整体协调、局部对比的原则，即景观规划设计的整体布局要协调统一，而局部的布局要具有一定的过渡和对比。例如，苏州园林的设计，处处都体现了对比与协调的设计形式，如直线与曲线的对比、方和圆的形体对比等造型对比因素被到处可见的圆润处理手法和谐地统一于流畅的线条之中。

三、节奏与韵律

　　节奏与韵律本是音乐中的词汇。其中，节奏是指音乐中音响节拍有规律地变化和重复，韵律是指在节奏的基础上赋予其一定的情感色彩。景观规划设计中的节奏与韵律是通过体量大小的区分、空间虚实的交替、构件排列的疏密、长短的变化、曲柔刚直的穿插等变化来体现的。

节奏是风景连续构图达到多样统一的必要手段。景观中线、形、色彩的反复、重叠，以及错综变化的灵活安排，可以使人内心兴起轻快、激昂的感觉。节奏催生韵律，而韵律往往会使景观富有生气。

在景观规划设计中，常采用点、线、面、体、色彩和质感等造型要素来体现韵律，从而使景观具有秩序感、运动感。具体而言，景观规划设计中的韵律包括以下几种。

①简单韵律：同一种形式单元组合重复出现的连续构图方式即为简单韵律。简单韵律能体现出单纯的视觉效果，秩序感与整体性强，但是容易显得单调。常见的简单韵律有行道树的布置、柱廊的布置、大台阶的运用等，如图2-9所示。

图2-9　简单韵律景观

②交替韵律：两种以上因素交替等距反复出现的连续构图方式即为交替韵律。交替韵律重复出现的形式较简单、韵律多，因此在构图方面的变化较为丰富，适合表现热烈的、活泼的、具有秩序感的景物。例如，两种不同花池交替组合形成的韵律，两种不同材料的铺地交替出现形成的韵律等都属于交替韵律，如图2-10所示。

③渐变韵律：渐变韵律是指重复出现的构图要素在形状、大小、色彩、质感和间距上以渐变的方式排列而形成的韵律。这种韵律根据渐变方式可以形成不同的感受。例如，色彩的渐变可以形成丰富细腻的感受，质感的渐变可以带来趣味感，间距的渐变可以产生流动疏密的感觉

图2-10　交替韵律景观

等。总体而言，渐变的韵律可以增加景物的生气，但也要注意恰当使用。渐变韵律景观如图2-11所示。

图2-11　渐变韵律景观

四、对称与均衡

对称是指以中轴线为基准，左右或上下为同形同量，完全相等。均衡是视觉艺术的特性之一，均衡的景观能够给人以心旷神怡、愉快安宁的感受，而不均衡的景物会带给人烦躁不安的不安全感。由此可见，均衡能促进安定，防止不安和混乱，增添景观的统一感和魅力。

均衡可以分为对称性均衡和不对称性均衡两种。其中，对称性均衡要求各要素的形式相同或相似，并且围绕中心点在轴线两侧对应面形成平衡。对称性均衡是一种强有力的景观形式，其布置有中轴线可循，景观的其他形式特征都要服从于它。对称性均衡的轴线具有方向性、秩序性等特征，占统治地位，具有连接景观各单元、各要素的作用。通常，规则式景观绿地常采用对称性均衡。

不对称性均衡要求其中的各类视觉形象具备一种隐含的平衡之感，能够使人类和大自然更加和谐统一，同时又不失趣味。由于人在景观中往往处于不断运动的状态，视线也在不断地变化，人的眼睛会下意识地从视觉不稳定的状态中提取某些视觉形象，并有意识地聚焦，然后自动生成或组织成一个完整平衡的视觉形象。在景观规划设计中应用不对称均衡形式时，多以交通线的前进方向、游人所见景观的画面构图来进行综合考虑。

第三节　景观规划设计的表现技法

一、景观规划设计的手绘表现技法

（一）景观规划设计的手绘表现基础

景观规划设计的手绘表现一般目的明确，主要运用阴影透视和色彩关系的基本知识和原理，表现景观的色调、质感、体面、光影变化、空间效果等。

首先，根据表达需要，选取需要表现的内容和视角，以投影、透视等方式绘制图样轮廓。在透视图中，相同大小的景物相对视点的位置遵循"近大远小"的规律，可通过视距、视角、视高的推敲、调整得到较为真实、理想的透视效果。其次，根据光影关系组织表达光影变化、色调、质感和空间效果。其中，色调和明暗的变化是表现材料、质感和空间感的有效手段。

1. 基本知识

（1）线条

在徒手图中，线条看似简单，但实际包含着虚实、轻重、曲直、快慢等诸多变化。例如，直线要有起笔、运笔和收笔，要有快慢、轻重的变化（如同写毛笔字的运笔方式）；斜线要画得刚劲、有张力；曲线和波纹形要优美、豪放。要把线条画得放松自如、富有灵动的气势和生命，需要长期坚持不懈地进行大量的练习。中国画对线条"如锥画沙""力透纸背""入木三分"等要求，就体现了对线的理解。

　　练习徒手画时，可以先从直线、竖线、斜线、曲线等练起，然后再画几何形体，也可以画简单的一点透视和两点透视，在练习画线条的同时掌握空间比例和透视关系。初学者经常练习徒手画有助于提高对事物及其周围环境的观察、分析和表达能力。

　　线条的排列可以采用规矩的排线方式，也可以采用随意而流畅的方式。线条有细线条、粗线条和变化的线条等几种线型的区分，不同的线条以及不同线条的组合的表现力有所不同。此外，线条可以表现明暗调子、渐变和退晕效果，创造韵律感，刻画丰富多彩的材质。

　　（2）色彩

　　大自然中的色彩是丰富多样的，自然景物、建筑室内外的颜色都存在着丰富而细微的差别。例如，在近距离观察远远望去呈现一片绿色的草地时，可能会发现草地实际上是由很多颜色构成的，如绿色、洋红、赭石、灰以及各种各样的黄色等。

　　以雪地、水泥地以及陈旧的沥青等中性色的物体为例，这些物体被阳光照射的部分会显示出轻微的暖色，或者微微表现出一种带有淡粉色的橘黄色，这种效果被称为"同时对比"。当把一种颜色放置在一种中性色的旁边时，就会出现这种情况。

　　在周围环境中的平坦表面上，几乎没有哪个表面会呈现出完全一致的颜色。多数物体表面的颜色都是不均匀的，往往都是从一种深浅状态过渡到另一种深浅状态。在物体表面，随着表面曲率的变化，颜色会变得越来越明显，或者出现一个"亮点"，这就是渐变的效果。在面积较大的表面上，这一现象尤为显著，很容易被察觉；在不光滑表面上，这种颜色深浅的过渡通常较为平缓。

　　人们在日常生活中的一些经验，实际上就是对大气透视的一种下意识的条件反射。冷色，如蓝绿色、蓝色、紫蓝色等会给观察者一种后退的感觉；相反，在色相环中与之相对的暖色，如红色、橙色、黄色等则会给观察者一种逼近的感觉。在冷色的邻接区域使用暖色时，这种现象会更加明显。

忽略照明的影响，每个物体都有自身固有的明暗的特征，这一现象被称为"局部色调"。例如，一块红砖的局部色调要比一块白色的大理石深，表面更暗。

明暗配合这一术语是指绘制物体光照的明暗阴影关系，目的是使其具有三维表现效果。位于阴影下的物体表面，和被照亮的表面一样，通常都保留着自己的本色，只是颜色要深一些，其深浅的程度取决于物体本身的局部色调。

（3）质感和肌理

质感是视觉或触觉对不同物态，如固态、液态、气态的特质的感觉。肌理是指物体表面的组织纹理结构，即各种纵横交错、高低不平、粗糙平滑的纹理变化。

质感和肌理的表达是景观规划设计中重要的表现技法之一，线条的粗细、曲直、疏密以及色彩和光影变化都可以创造出不同的质感和肌理特质。

（4）空间感

景物的空间感是指根据几何透视和空气透视的原理，描绘出物体之间的远近、层次、穿插等关系，使之在图面上传达出有深度的立体空间感觉。

首先，要使画面物体的形状符合透视规律，并注意景物轮廓或边缘线的虚实处理，以使图面上的景物刻画符合"近大远小"的视觉习惯。其次，对于前后物体的刻画程度应有所区别，注意利用"近实远虚"的视觉经验。最后，要注意确定和加强画面前后物体之间的明暗对比，通过相互映衬形成视觉上的深远感。

此外，空间感还可以通过物体的尺度、光影变化等来表现。最容易表现尺度感的是树木、篱笆、台阶、栏杆等人们非常熟悉的景物。

2. 基本要求

（1）构图

构图的基本形式有三角形、L形、V字形等。构图时必须有全局观念，注意画面整体统一，处理好重点与一般、全局与局部的关系；同时，要注意构图灵活、图面饱满，使尺度、比例均衡、稳定，并注重"黄金分割点"在构图中的作用。

（2）取舍与概括

表现图着重刻画主题，强化意境和氛围。任何表现图都应该体现出作者"取舍与概括"的素养。其中，"取"是保留，"舍"是去除，其目的是使画面景物简练概括，主次分明，层次清晰，更加生动、集中，富有情趣和美感。

概括是指对事物进行整体把握，并抓住整体特征，优美而快速地加以摹写的一种能力。例如，画一面砖墙，寥寥数笔表现的砖墙肌理，会比全面规整的平铺显得更加生动、美妙；再如，对色彩进行主观提炼，确立主色调，再对非主色调的色素进行简化概括，使之统一于主色之中。

（3）突出重点

一幅题材丰富的画，如果宾主不分，就会显得杂乱无章。因此，景观规划设计手绘中，应注意突出重点、表现主体。

绘画表现不同于摄影。在摄影中，镜头所及范围内的景物不分主次，而绘画则需要提炼、突出重点。如果主次配合得当，画面中的景物就会浑然一体，相得益彰，既易取得统一集中的效果，又易于实现事半功倍。具体处理手法包括：使画面重点即视觉中心居于画面中显要地位，一般置于近画面中心的位置；利用透视线的聚敛效果，将视线引向画面中心；增强明暗效果、调整亮度，加强画面的明暗对比，以突出视觉中心；适当进行丰富和省略，在重点处细致刻画，充分表现材料质感和光影变化，远离重点时则逐渐放松省略，由实到虚；以人物车辆的集中、动态和引向指出画面重点所在；在重点处用对比色，在非重点处用调和色（黑、白、灰）；等等。

一幅完整的画面除了表达重点，还需要表现多种题材。因此，所有题材的组织必须不散不乱，有机联系，整合统一在画面之中；同时，笔触及风格也应统一协调，避免画面散落，出现多处重点。

（二）景观规划设计的手绘表现形式

景观规划设计的表现形式，按照工具媒介的不同，可以分为铅笔画、钢笔画、水墨渲染、水彩渲染、水粉画、钢笔淡彩、马克笔画等多种形式。表现内容以描绘景观规划设计工程形象为主题，有着鲜明的表现特征及具体的服务对象。除了为记载和再现已建成的环境景观场景的表现图，大部分表现图都是在工程尚未建成时绘制成的。这些表现图可以向人们展示立体和具体的，有丰富的色彩、质感、光影变化、空间层次和环境氛围的拟建环境景观规划设计形象，可供环境景观规划设计、展评等使用。

与单纯的艺术绘画相比，景观规划设计的表现图除了要表现得充分、鲜明、美观外，更重要的是保证准确、真实。在环境景观艺术绘画中，环境景观和建筑被作为一种艺术对象，往往要经过艺术的加工和塑造。此时，为达到强烈的感染力和生动的艺术魅力，美术家不一定会将非主要或不影响刻画主题的次要形态、结构、材料、做法等描述得十分精确，有时还会故意做一些艺术的夸张、变形、概括或省略。这一现象在景观规划设计表现图中是不可能出现的。

景观规划设计的表现形式在技法方面可以分为传统表现形式和快速表现形式两类。传统表现形式主要包括铅笔画、钢笔画、水墨渲染、水彩渲染、水粉画等，表现效果丰富细腻、真实生动，在相当长的一段时期内十分受欢迎。但是，传统表现形式的作画耗时较长，因此快速表现便逐渐代替了传统表现，成为展示设计师个人修养和创作能力的有力工具。快速表现包括铅笔快速表现、钢笔快速表现、钢笔水彩快速表现、彩色铅笔快速表现、马克笔快速表现等，比较适合快速作画，进行快速的草图分析、构思及表达等。

在景观规划设计过程中，快速表现应用广泛，其与一般正式图的最大区别在于有限的时间以及概括性的重点表现。因此，快速表现要求设计者具有精确取舍和高度概括的能力，以便突出重点，表现主体。快速表现可选用描图纸、有色纸、复印纸或水彩纸、卡纸等纸张进行作画。

1．铅笔画和钢笔画

此处谈论的铅笔画和钢笔画主要是指环境景观以及建筑物的铅笔素描和钢笔素描。铅笔和钢笔都是最基本的绘图工具，其优点在于易于携带，作画快捷方便。铅笔画具有易于修改、图面效果较好等特点；钢笔画则由于钢笔本身特点的限制而缺乏丰富的灰色调。

根据画面的需求，铅笔的握笔姿势包括垂直、倾斜和水平三种。在大多数情况下，用正常写字的方式来握笔即可，但比起写字来，在绘制铅笔画时运笔的自由度更大。对于极其奔放和有力的线条，需要把铅笔的另一端握在手掌中以便大幅度地挥动手臂，甚至还可以手心反转向上用笔，从而大幅提高画线的速度。为了用笔尖刻画暗面色调细微的变化，可以使用垂直握笔的姿势。

在钢笔画中，线条成为最活跃的表现因素，其特征主要是以单线形式表现景物。钢笔画常用同一粗细（或略有粗细变化）、同样深浅的钢笔线条加以组合，来表现建筑及环境的形体轮廓、空间层次、光影变化和材料质感等。

铅笔画和钢笔画的色调都有平涂和退晕等表达方式。铅笔画的线条有的和钢笔画一样，清晰可辨；有的则经过充分融合，每根线条都失去了各自的特性，表现出更加细腻写实的画面风格。

要想掌握铅笔和钢笔的使用，最好从画线开始。铅笔线条和钢笔线条的种类多达数百种，如长线和短线，细线、中粗线和粗线，直线和曲线，断线和连续线，点线和虚线等。在练习过程中，可以选用不同种类的纸，配合适当的握笔姿势，以不同的力度和速度做画线练习。

2．水墨渲染

水墨渲染表达细腻、层次清晰，体量、光感强烈，但由于绘制麻烦，不表现色彩，现在很少采用。水墨渲染需要通过裱纸过滤墨汁母液，并用大小毛笔及排笔等逐层渲染叠加。其主要工具为墨段或墨汁、砚台、水粉笔、容器、水桶等。

3. 水彩渲染

水彩渲染是基本的表现技法之一。它通过水来调和水彩颜料，在图纸上逐层染色，通过颜料的颜色、浓、淡、深、浅来表现对象的形体、光影和质感。水彩颜料是透明的绘画颜料，因此在渲染时可以采用多层次重叠覆盖的手法以取得多层次色彩组合而成的比较含蓄的色彩效果。其缺点是制作复杂，色阶对比不如水粉强烈。

水彩渲染应采用质地较韧、纸面纹理较细而又有一定吸水能力的画纸，一般采用高质量的水彩纸，也可采用普通水彩纸。另外，还需要水彩颜料、毛笔、水桶等。

水彩渲染的技法与水墨渲染大体相同，以铅笔线条作为轮廓，通过平涂或退晕等方式逐步叠加着色，进而完成渲染。铅笔线稿主要是为了辅助水彩渲染表现形体轮廓，不表现明暗关系。

4. 水粉画

水粉画表达效果鲜明、强烈，具有较强的写实性。水粉颜料具有不透明性，可以叠加覆盖，有利于画面形象与色彩的调整与修改。上色时宜先深后浅，待画面基本颜色画完后，再用鸭嘴笔上相似的颜色，细心刻画物体形状的边缘和轮廓，以获得精致的效果。

水粉画较水粉渲染而言制作过程简单，常被用于表现景观规划设计的透视效果图。其主要工具为水粉颜料、水粉笔、调色盘、水桶等。

二、景观规划设计的计算机表现技法

（一）计算机辅助景观规划设计的流程及其优势

随着各种计算机软硬件的快速发展，计算机辅助软件已经作为行业软件，已经广泛深入各个景观规划设计作品。在欧美发达国家，早在20世纪80年代中后期，计算机辅助设计的相关软件就已发展得相当成熟；而我国在这方面的起步较晚，直到进入21世纪，随着国家综合实力的提高、人才队伍的不断壮大，我国计算机辅助设计软件的应用才实现了跨越式的发展。

计算机辅助景观规划设计，通常需要经过以下几个流程：一是绘制二维平面图，二是利用平面图进行三维建模，三是渲染以及处理三维导出的图片。具体而言，在绘制二维平面图时，可采用矢量图制作软件，如CAD❶以及 CorelDRAW。CAD是常用的绘制二维平面图的软件，而CorelDRAW则具有CAD不具备的优点。在三维建模方面，较常用到的软件为SketchUp。利用计算机辅助设计软件绘制景观图，具备以下优势：

第一，绘图尺寸比例协调、精度高；

第二，大幅缩减了绘制时间，而且效果图色彩丰富、直观逼真；

第三，效果图易修改、携带、保存，可重复使用。

总而言之，利用计算机辅助设计软件绘制景观图能够大幅提高景观规划设计的工作效率。

（二）景观规划设计常用的计算机软件

1. 平面图形绘制软件

在绘制平面图时主要用到的计算机软件有上文提到CAD和CorelDRAW软件。其中，CAD已经被广泛地应用到各个工程设计行业中，如机械、电子、航天、化工、建筑等行业。随着CAD软件的不断升级改造，其功能越来越丰富，成为世界范围内使用较广泛的计算机辅助绘图和设计软件之一。在景观规划设计中，CAD可以用来制作各种图纸，如景观建筑图纸、景观规划设计图纸、景观施工图纸等。具体而言，景观规划设计会用到多种要素、材质，这些要素、材质会根据不同场景发生不同的变化，而CAD具有强大的元素及绘制功能，可以满足景

---

❶ 计算机辅助设计（Computer Aided Design，简称"CAD"）是指利用计算机及其图形设备帮助设计人员进行设计工作。 CAD技术的应用能够起到提高设计效率、优化设计方案、减轻技术人员的劳动强度、缩短设计周期、加强设计标准化等作用。CAD应用软件具有几何造型、特征计算、绘图等功能，面向机械、广告、建筑、电气等专业领域的各种专门设计。

观规划设计师的需求，帮助其完成图纸设计工作。

CorelDRAW是加拿大Corel公司开发的平面软件，目前被广泛应用于广告行业。CorelDRAW和CAD一样，也是制作矢量图的软件工具。CorelDRAW具有强大的图像处理功能、高精度的色彩管理功能以及编辑修改功能等，而且可通过改变控制点的平滑度等指令绘制出CAD无法绘制的流畅、精确的曲线。例如，CorelDRAW可以通过综合运用手绘曲线、贝赛尔曲线工具、图形创建指令以及其他丰富的工具，完成各种各样、丰富多彩的二维平面图，再导出为不同的文件格式。在绘制二维平面图时， CorelDRAW可边绘制边填充，或在绘制完基本图形后，逐一进行填充。 此外，CorelDRAW还兼容CAD和 Photoshop❶的相关功能，既可曲线绘图也能处理色彩图形，既可处理向量图形也能处理矢量图形。

2. 三维建模软件

在三维建模方面，常用的软件有3d Max❷和SketchUp。对于非专业的景观规划设计从业者而言，3d Max的应用难度较大，因此本书介绍更加方便实用的三维建模软件——SketchUp。

SketchUp是三维建模设计方案创作的优秀工具，被许多景观规划设计师推崇。它十分符合人对点构成线、线构成面、面构成体的认识，是一个直接面向设计方案创作过程的三维设计软件。也就是说，SketchUp的设计很直观，能够充分、直观地展示设计师的创作思想。

SketchUp拥有多种软件接口，能够读取、打开多种设计制图软件的文件格式，如.jpg、.png、.dwg等。同时，SketchUp自带多种材质与模型，也可添加其他材质与模型，在建模过程中可随意调整模型与材质，进而使三维图形更加丰富逼真。例如，在绘制山体或池塘时，SketchUp能够通过调整栅格凹凸，贴上不同材质来展示山体或池塘的效果。 此

---

❶ Photoshop 简称 "PS"，是由 Adobe Systems 公司开发和发行的图像处理软件。Photoshop 主要处理以像素构成的数字图像，能够使用众多的编修与绘图工具，有效地进行图片编辑工作。

❷ 3d Max 的全称为 "3D Studio Max"，是 Discreet 公司开发的（后被 Autodesk 公司合并）基于 PC 系统的三维动画渲染和制作软件。

外，SketchUp还可以安装V-Ray插件，进行图像渲染和处理。

3. 图像渲染及处理软件

对于景观图的展示来说，图像渲染及后期处理是非常关键的。上文中提到可在 SketchUp软件中通过V-Ray这样的中间件来做渲染处理，但是这种方法具有一定的局限性。具体而言，渲染操作往往涉及大量的运算工作，会大量消耗计算机CPU的资源，势必会增加渲染时间、降低"增加""删除"等指令的灵活性。因此，在景观规划设计过程中，通常采用Photoshop来进行图像处理。

（1）Photoshop技术处理

前文已述，利用SketchUp渲染图像会增加计算机的计算处理时间，费时费力；而在 Photoshop中增加配景、渲染处理图像则较为灵活、方便、直观。

使用Photoshop软件渲染处理图像时，通常将要渲染处理的图片，以二维图形格式（当然也可选择其他图片格式）导入 Photoshop，然后添加树木、花草、人物等进行贴图渲染，接着处理图片细节，最后完成整个景观效果图的呈现。添加相应素材贴图的过程为：首先，导入 Photoshop中含有贴图的RGB图像，然后选中需要使用的贴图素材，并将其保存至一定位置。其次，通过相关菜单命令修改宽度值，然后选择相应工具删除所选贴图的多余部分。再次，将处理好的贴图复制粘贴并调整到合适的位置，然后通过相关命令进行大小、方向的调整。最后，单独复制粘贴贴图的图层，以备进行其他处理，如将复制图层中的贴图放到真实的物体下进行阴影效果的展示等。需要注意的是，在整个操作过程中，要掌握好旋转角度，并根据效果图，即渲染图中的相关建筑物、山体等真实的阴影角度来确定最后的呈现效果，以保证形成的阴影与建筑物协调统一。

（2）Photoshop应用总结

在景观规划设计中，图像的渲染及处理不仅是上文提到的添加树木、花草及阴影等技术处理，往往还需要利用Photoshop软件的强大功能来对经过渲染的效果图进行处理、调整和完善。

Photoshop对图像的后期处理包括以下内容：首先，修改图片中存在的缺陷，如图像中明显不合理之处，以及三维建模时发生的错误等；其次，修改、调整图像的品质，通过调整亮度、对比度、色调饱和度等，得到对比强烈、色彩丰富、层次更强、质量更好的图像；最后，制作特殊效果，如光晕效果等。

第三章 景观规划设计的主要原则

由于景观规划设计具有多样性，景观规划设计的原则同样具有多样性的趋势。本章将对景观规划设计的主要原则进行阐述。

第一节 功能设计原则

一、景观功能

景观功能是人们对景观的物质需求和精神需求，包括生态、文化、艺术、游憩、安全等方面。景观规划设计只有满足了这些需求，才有可能被接受并得到实施。因此，功能设计原则是景观规划设计需遵循的首要原则。

二、景观安全

安全性是指产品在制造、使用和维修过程中保证人身安全和产品本身安全的程度。景观规划设计安全则包含两方面的含义：一是景观自身的安全性，即要求景观工程本身不会对人、环境等其他客体造成损害；二是景观提供的安全庇护功能。

（一）景观自身的安全性

要想保证景观自身的安全性，景观规划设计就要做到以下几方面。

①做好场地的安全风险评估，保证场地安全。安全风险评估包括对地质灾害、洪灾等自然灾害发生的可能性，以及周边环境潜在的安全隐患的具体评估。在此基础上进行的景观工程自身的安全性将大幅增强，其安全功能也将得到充分发挥。

②注重结构选型，确保结构安全（图 3-1、图 3-2）。

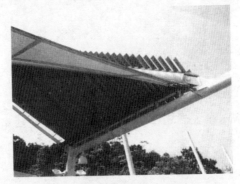

图 3-1　金属结构景观规划设计

图 3-2　木质结构景观规划设计

③慎重选择景观材料。存在安全隐患的材料可能对人体健康和生态环境造成恶劣的影响，因此必须慎重选择景观材料。

④考虑特殊人群的使用。在设计安全防护设施时，不仅要考虑对成年人的保护，还要重点考虑对儿童的保护；同时，要依据相应规范，考虑残障人士的使用需求，进行无障碍设计。这些设计主要体现在材料选择、尺寸、设施等细部设计上。

（二）景观的安全功能

要想实现景观的安全功能，景观规划设计就要做到以下几个方面。

①了解城市灾种及其特点。城市灾害主要包括地震、气象灾害、火灾、战争及恐怖活动等。

②熟悉城市公共空间的防灾避难功能，以便在灾难来临时，给群众提供可以防灾避难的各等级城市公共空间，如图3-3、图3-4所示。

图3-3 防洪堤与观景台的结合

③掌握相关防灾规划理论和设计方法。根据不同城市的用地情况、人口、周边设施与交通情况等因素，提供足够的适宜避险的场地，并配备相应的应急设施。

三、功能组织

从设计的角度来看，景观的功能组织主要体现在以下三个方面：功能定位、功能分区和流线组织。其中，功能定位是对设计目的和理念的落实，决定了景观需具备的主要功能；功能分区是指在空间上布置各种

图 3-4　江岸的潮水缓冲地带

景观元素并赋予不同的功能主题；流线组织则是指对各功能区进行有效合理的联系，形成景观系统，以满足功能定位的要求。

功能分区与流线组织是相互影响和相互制约的，功能分区会影响流线组织的方式和各种道路的等级，而流线组织的合理性又会反作用于功能分区，引起功能分区的调整。

第二节　景观生态原则

一、结合自然

景观规划设计必须结合自然环境，遵循自然优先的原则，对自然环境给予高度重视和尊重，以反映人们对自然的依恋，唤起人们对自然的天然感情。

人类活动始终深刻地影响着自然环境，特别是随着城市的发展，某些自然景观已不再是原生景观，而是被人们改造后的次生环境。也就是说，许多城市景观的自然美都是直接改造加工后的以自然为对象的美。在此背景下，景观规划设计师必须努力挖掘地方自然因素并将其有机地融入景观规划设计作品，以取得良好的景观效果。例如，沈阳建筑大学新校园就是以东北稻为景观素材，设计了一片独特的稻田校园景观。

二、生态原则

保护自然环境、维护自然是利用自然和改造自然的前提，是体现生态文明的物质载体。在生态环境问题日益挑战人类生存条件的今天，生态效益已成为景观规划设计需要考虑的重要问题。

景观生态学是 1939 年由德国的特罗尔 [1]（Carl Troll）提出的，是地理学与生态学之间的交叉学科。景观生态学以整个景观为对象，结合能量流、物质流、信息流、物种流在地球表面的传输和交换，以及生物与非生物的相互转化，研究景观的空间构造、内部功能以及各部分之间的相互关系，探讨景观异质性的发生、发展以及保持异质性的机理，建立景观的时间空间模型。景观生态学注重对景观资源的管理和景观的生态设计，提出了相关的理论原则与研究方法，对今天的景观规划设计有着重要的指导意义。

景观生态有其客观规律，并非人力能左右。例如，我们生存的城市和乡村是一个"活"的有机体，其内部有许多系统单元（生态元），既有能量的摄入，又有废物的排出；如果调理不当，这个有机体就会"生病"（即环境病）。从宏观的城市与乡村环境来看，生态失衡的城市环境与乡村环境就像一个恶性肿瘤，可以摧毁整个环境系统。城市与乡村的环境生态病症会相互"传染"，尤其是城市文化现象，如农村的楼房、数量繁多的农家乐、乡村旅游度假村，以及一些仿古旅游小镇（图 3-5）。这些不合理的建设现象在地区间的运动传播都是病态的表现。因此，我们应当尊重城市与乡村的生态规律，尊重科学事实，合理运用生态调控

---

[1]　特罗尔，德国地理学家。1926 年以后曾到南美安第斯山、东非山地和喜马拉雅山（南迦巴瓦峰）进行科学考察，研究地形和植被；1930—1937 年任柏林大学教授；1938—1966 年领导波恩大学地理系。他提出了新的气候和植被分类法，创立了高山比较地理学，创办了《地理学》杂志。

手段，抑制不合理的环境建设现象，保持城市与乡村的生态健康发展。

图 3-5　仿古旅游小镇

三、生态原则在景观规划设计中的应用

　　景观大体上体现为无机自然条件和有机生物群落相互作用的生态系统，由相互作用的斑块组成，在空间上形成了一定的分布格局。自然界中生态系统的稳定性与多样性相联系，而景观生态系统的多样性对于维持景观生态系统的稳定性也具有重要意义。因此，在景观结构和功能设计方面应遵循生态多样性原则，包括斑块多样性、类型多样性、格局多样性等，以形成多种景观类型、多样化的生态系统、生物群落以及多种植被的搭配。景观是由一系列生态系统组成的、具有一定形体结构和功能的整体，因此应该把景观作为一个有机的系统来思考和管理，以达到整体的最佳效果。

　　此外，景观规划设计还要将各类景观联结成网络，以减少绿地的孤立状态；同时，要保留和建设大块的绿地景观，并且要注意景观中各个部分之间、植物与动物之间、景观与人之间的关系，使人工设计的景观与广大的自然区域形成有机的整体。这一点涉及景观的视觉与美学效果，有助于维护景观系统的稳定性和持续性。

　　将生态原则应用到景观规划设计领域，就是要按照尊重自然、集约节约、可持续发展的原则，保护物种的多样性与系统性，倡导对自然资源的循环利用和场地的自我维持。因此，在景观规划设计、建造和管理维护的全过程中，始终应以对生态环境进行持续性的改善为目标。

第三节　文化传承原则

一、规划设计文化景观时应遵循的原则

　　文化景观积淀着人类不同时期、不同类型的活动痕迹，在一定程度上浓缩了人类文明成果。因此，景观规划设计必须尊重历史规律，研究地域文化，遵循文化传承原则。

　　景观作品的主要价值体现在形式之外的内在内容上。任何一个景观，作为审美客体，在审美过程中总有一种原始美或物质形态的自然美。例如，我国的许多风景名胜区都是大自然千百亿年来鬼斧神工的杰作，是因天地自然规律而形成的各具特色的景观精粹，是自然的绝世遗产，如雄壮的泰山、奇特的黄山、秀丽的峨眉山、险要的华山、幽静的青城山等，如图 3-6 所示。

泰山　　　　　　　黄山　　　　　　　峨眉山

华山　　　　　　　青城山

图 3-6　各大名山景观

美不胜收、引人入胜的自然景观固然重要，但更重要的是其中蕴藏着的丰富的文化以及承载的悠久的历史。以泰山为例，封建帝王祭天封禅活动在泰山留下了丰富的文物古迹，佛道两教盛行使泰山遍布庙宇名胜，历代名人宗师怀着仰慕之情来到泰山漫游后留下了许多令人赞颂的诗篇。正是这些文化遗存才使得泰山以五岳独尊名扬天下，成为中国十大名山之首，并于1987年被联合国列入世界自然与文化双遗产名录。

从景观解读的角度来说，伴随历史变迁，具体景观形态可以将蕴含其中的文化因子传递给观赏者。但是，如果观赏者对历史和文化缺乏了解，就难以产生恰当的艺术联想。随着科学的进步、文化活动的丰富，人们对视觉对象的审美要求和表现能力在不断地提高，并随着历史的发展而发展。因此，文化、历史与景观的有机结合使文化得以拓展、历史得以延续，同时也使景观拥有了文化的气质和历史的内涵，并且更加丰富多彩。

具体而言，研究景观文化历史的方法有两种：一是从考察遗迹入手，通过考古、测绘、分析、复原等手段，研究古代园林的特征与造景手法；二是从分析文献及其理论著述入手，探寻古代园林的理论发展脉络，并与遗迹考古或存留的古典园林进行比较、对照，从中发现规律，探寻艺术本质。以中国古典园林为例，中国古代园林景观理论按照历史传统主要分散在风水相地学、建筑、绘画、诗词、文集等门类之中。古代园林景观创造者的专业分工并不明确，多数人集造园、绘画、诗文、建筑、园艺等知识、技艺、技能于一身；现代人则把专业分工分得很细，一个大规模综合性的园林景观规划设计往往涉及众多专业，如规划、建筑、风景园林、园艺、环境艺术、生态学、地理学、社会学等。

二、规划设计地域景观时应遵循的原则

地域的差异性决定了文化的异质性，并形成了景观的独特性(图3-7)。一方水土养一方人，一个地方的地理区位、气候条件、民俗传统、生活

习惯与当地居民长期形成的文化观念、思想意识、伦理关系、审美情趣等紧密相连。这些地域性因素是景观独特性的具体体现，成为制约和影响景观规划设计的因素。

广西梯田

云南高脚楼

北京四合院

图 3-7　地域性景观

　　需要注意的是，人类的民俗传统、文化观念、审美情趣等影响景观的地域性因素往往会随着历史的发展而变化。因此，消极地保留甚至固化地域文化是没有前途的，应该积极吸收一些优秀的外来文化，使地域文化得到充实和丰富，把握好地域文化中"变"与"不变"的拓扑特征。外来的文化并不一定都会起到阻碍作用，只要这种文化能与本土地域文化协同，就能形成新的地域性景观。

第四节　艺术设计原则

一、景观艺术设计

景观艺术体现为两点：一是景观本体的艺术价值；二是景观规划设计的表现艺术。景观艺术不仅要解决纯粹的艺术形式问题，还面临着诸如功能、经济等更多复杂的实际问题。

根据艺术表现手段、方式和时空性质的特征，景观作为人类活动的场所，可以被归为造型艺术与空间艺术的综合。作为一种艺术形式，景观规划设计必然涉及艺术的表现，如各种绘画介质表达的快速草图表现，水彩、水粉等介质表达的手绘效果图表现。这些设计表现借助了绘画技巧和审美趣味，不仅能够表达绘画者的主观创作意愿，更能够将创作建立在准确、客观的设计表达基础上。

（一）景观艺术设计的内涵

景观艺术设计是指设计师利用水体、地形、建筑、植物等物质手段，依据使用者的心理模式及其行为特征，并结合具体的环境特点，对拟利用地进行改造或调整，创造出特定的，满足一定人群交往、生活、工作、审美需求的户外空间场所。景观艺术设计的工作内容有别于城市规划、建筑设计、园林设计乃至大地景观艺术设计，但又与它们有着千丝万缕的联系。

城市规划是指在一定时期内，依据城市的经济和社会发展目标及其发展的具体条件，利用空间布局以及各项建设对城市土地及其空间资源做出的综合部署、统一安排，以及对其实施的管理。城市规划对城市整体宏观层面上的空间、资源分配具有决定性的作用。景观艺术设计应在城市规划的总体指挥下，自觉服从其各项指标的约束，从而使自身融入城市整体，成为城市的有机组成部分。

建筑设计是针对组成城市空间的"细胞"——单个建筑实体而进行的设计，能够为人们提供满足工作、生活、学习等需要的室内空间及城市硬质视觉形象。它与景观艺术设计相并列，在城市总体规划这一隐形指挥棒的调度下，一实一虚、一硬一软、一外一内，相辅相成，共同构成了完整的人类生活空间场所。

园林设计是指在一定的地段范围内，利用并改造天然山水地貌或者人为地开辟山水地貌，结合植物的栽植和建筑的布置，构成一个供人们观赏游憩、居住的环境。也就是说，园林设计是为了创造供人们观赏、游憩、居住的环境而对植物、土地、水体和建筑等要素展开的规划和设计。随着经济和技术的发展，园林设计的要素也在不断地丰富。

传统园林绝大多数是为少数人私有的，而现代园林已大幅超出宅院、别墅和公园的范畴，泛指城市中供人们游憩的绿地场所。本书提及的园林均指现代园林。

景观艺术脱胎于园林艺术母体，大量传统园林中对于景物和空间的经典艺术处理手法，在现代景观艺术中依然起着重要作用。这一点从景观艺术的发展史中不难发现。景观艺术与园林艺术的区别在于，景观艺术涉及的范围更广，它渗透到了现代人生活的各个角落，手段也更为丰富和灵活；园林艺术则是以植物为主要构景要素的景观艺术设计，是景观艺术之树的一个重要分支，花草树木的合理配置占据着其中的重要地位。

（二）景观艺术设计与景观布局形式

景观的分类方式是多种多样的，可以按性质及使用功能分，按景观的布局形式分，按景观的隶属关系分，按年代、地域分等。其中，按性质及使用功能和景观的布局形式划分，是最常见和最基本的两种分类方式。

随着现代经济的发展以及人们生活方式的不断衍化，现代景观若依据不同的性质及使用功能分类，则可谓名目繁多，包括风景名胜区、城市公园、植物园、游乐园、休疗景观、纪念性景观、文物古迹园林、城市广场、城市开放休闲绿地、住区景观、庭院等。与之相比，按景观的布局形式分类则显得较为简明而系统，通常可分为规则对称式、规则不对称式、自然式和混合式四类。

从景观艺术设计的角度来看，了解景观的布局形式，掌握不同形式蕴含的个性及其与具体景观场所功能性质的内在关联，对于具体的景观规划设计而言无疑是极为重要和有帮助的。

1. 规则对称式

规则对称式布局方式常常给人以严肃、庄重、雄伟、明朗之感。此类布局方式通常强调平面构图的均衡对称，具有明显的主轴线。因其两侧景物、建筑布局均需对称，故而要求其用地平坦；若为坡地，也通常会将之修整成规则的台地状。在此类布局中，道路常为直线型或有轨迹可循的曲线型；硬质广场一般为规则几何形；植物则做等行、等距式排列，且常被修剪成各种整形的几何图案；水体轮廓也强调几何形，驳岸以垂直严整的形式为主，水池、喷泉、壁泉、涌泉等也采用整形的形式。同时，该类布局常会根据规模大小设置一系列平行于主轴线的辅轴线及垂直于主轴线的副轴线，并在其交点处设置喷泉、雕塑、建筑等作为对景处理。

规则对称式布局方式常被用于皇家园林、政府机关、执法部门、纪念性景观建筑等庄重、严肃、盛大、雄伟及礼节性的场所设计中。

2. 规则不对称式

规则不对称式布局方式给人以自由、活泼、时尚、明快之感。在此类布局平面构图中，所有线条都是有规则、有轨迹可循的，同时又是不对称的，故而其空间格局显得较为灵活自由。在此类布局中，植物可采用自然多变的配植方式，不要求做几何整形的人工修剪，水体及驳岸的形式也较为自由多样。

此类布局方式较常见于城市中的街头绿地、商业步行街的节点处理、若干公共建筑围合而成的小型公共休闲绿地等。同时，因其平面布局讲求构图的美观及节奏，也较常用于强调俯视效果的高层建筑底部的小型庭院布局。

3. 自然式

自然式的布局方式以大自然为蓝本，构成了生动活泼的景象，给人以自然、轻松之感。自然式的布局方式没有明显的主轴线，水体、道路轮廓线均依照整体设计构思、立意及地形变化而设计，没有一定的轨迹可循；同时，地势起伏自然，建筑造型自由，不强调对称，且与具体地形有机结合。在此类布局设计中，水体形式以平静、自由、流淌的水体为主，主要结合瀑布、叠泉、溪流、喷雾等形式，较少采用人工味较浓的喷泉形式；植物种植师法自然，生物群落层次丰富、布局自由，尊重其自然生长的形态，依照植物不同的生物特性合理配植，以营造符合整体立意的空间氛围。

自然式的布局方式常用于城市中的休闲性绿地、公园、度假村、居住区绿地、风景名胜区等。

4. 混合式

混合式布局方式是规则式与自然式布局方式的综合使用，在现代景观规划设计中应用较广。在一些规模较大的景观规划设计中，人们往往在最重要的构图中心及主要建筑物周围采用规则式布局，而在远离它的区域采用渐变的方式，利用地形的自然变化及植物的种植方式逐步过渡到自然式的布局状态。这样的布局既有规则式整齐明快的优点，又具备自然式的活泼生动、富于变化的特征，能够赋予游人更加丰富多样的体验。

总而言之，上述四种布局形式各具特点，各有所长，没有好坏优劣之分。设计师要结合具体的用地条件、使用人群、用地性质、周边环境等因素综合考虑上述四种布局形式，才能设计出最为合理恰当的布局形式，营造出最符合整体立意的空间氛围。

二、人文景观艺术

景观规划设计与人们的生活密切关联，其最终目的在于满足人们的使用要求与心理需求，创造更为美好的生活环境。景观规划设计师通过对景观空间形态的营造，能够表达自己对于使用人群的关怀和使用行为的理解；而纯粹将景观规划设计形式化、神秘化，其实是对景观规划设计的误解。因此，景观规划设计师应当摒除"唯我思想"，强化"为他意识"。

景观规划设计师鲍尔·弗雷德伯格（Paul Friedberg）谈到，他在设计纽约城市公园景观时，曾煞费苦心地为老年人提供了一个"他们自己的场所"，这个场所特意避开那些曾与他们共同混杂在一个大广场的闹闹嚷嚷的人群。然而，不久他便发现，老人们躲开了那个专为他们准备的地方，因为老年人群害怕孤独寂寞，渴望与人交流，更愿意待在人多的环境中。

由此可见，对于景观环境中人的行为的研究应侧重于考察、分析、理解人们日常活动的行为规律，如空间分布、环境特征、使用方式及其心理特征等因素对人的行为的影响。这是设计人性化景观环境的前提条件。

具体而言，景观人文环境设计是一门以多学科交叉的方法来研究人与环境、行为与场所之间互动关系的科学。全面系统地进行环境行为与人文环境设计理论的基础研究及其应用，具有非常现实的意义。

（一）景观人文环境

就空间形态而言，景观空间的存在形式可分为面域空间与线性空间两类，不同形态的空间有"动态"与"静态"之分。动态空间给人一种可穿越和流动性的心理感受，往往是一种线性的空间形态；静态空间给人一种逗留、活动与交往的心理感受，如广场、绿地、院落等具有一定的向心性和围合性的空间。

从空间的使用要求与特性的角度出发，美国学者奥斯卡·纽曼（Oscar Newman）提出了人的各种活动都要求有与之相适应的领域范围的观点。他把居住环境定义为由公共性空间、半公共性空间、半私密性空间和私密性空间四个层次组成的空间体系。景观环境属于公共性空间，可以进一步分为公众行为空间与个体行为空间两大类。

1. 公众行为空间

公众行为空间对应于群体行为，是供大众使用的场所，包括街头绿地、公园、广场和花园等，也包括更小范围的公共空间，如宅前道路、空地、公共庭院以及小型活动场地、绿地、花园等。公众行为空间的特征为空间开阔、彼此通视、场地平坦或有微坡、有围合感、具有集聚效应。公众行为空间的中心往往存在一个核心空间，可以开展各类活动，如群体健身、舞蹈、集会、表演。

公众行为空间的设计关键在于有效提高场地利用率，并满足多种活动需求。因此，恰当的空间尺度、围合感，有效的功能组织，适宜的环境设施是需要在设计公众行为空间时着重研究的方面。

理想的公众行为空间会成为大众进行户外活动和交往的主要场所，而不理想的公众行为空间则会成为景观环境中无人问津的空白地带。因此，人性化的景观规划设计应努力为大众创造适合活动休憩的户外公众行为空间。

2. 个体行为空间

个体行为空间是指相对于群体空间而言，供个体活动的空间环境，包括聊天、运动、休憩等活动类型，也包括一些特殊行为和一些特殊使用方式等。

此类空间的特征是尺度较小，设计的关键在于充分考虑个体行为对于空间的需求，特别是对环境细节的要求，如宜人的气候、温度，芳香的花草灌木，细腻的铺装材质，人性化的景观设施等。同时，还应考虑到空间使用的模糊性和通用性，即在同一种环境里满足多种行为需求的可能性。

（二）人文环境与人的行为

景观艺术设计的目的在于通过创造人性化的空间环境，满足不同人群的行为需求。人在景观环境中的行为是景观环境和人交互作用的结果。这个过程包括人对环境的感受、认知、反应等。环境与人的行为之间存在一定的客观联系：一方面，人的行为影响着环境。人类丰富多彩的户外活动不仅是景观环境的组成部分，而且能够改变景观环境的本来面貌。另一方面，环境也改变着人的生活方式乃至观念。良好的公共空间能够促进人们的交往，丰富人们的户外生活；特定的空间形式、场所也会吸引特定的活动人群，诱发特定的行为和活动。

行为与人文环境的相互影响是客观存在的一种互动关系，因此景观规划设计者应充分研究人的行为规律和心理特征，找出环境设计中的共性与规律。这对于营造良好的景观环境而言是十分必要的。

1. 场所性

人不能脱离环境而独立存在，因为环境对人起着潜移默化的作用，人的任何行为或心理变化均取决于人的内在需要和周围环境的相互作用。人的行为会随着人与环境因素的变化而变化，不同的人在同一环境中会产生不同的行为，同一个人在不同的环境中也会产生不同的行为。因此，人的行为既受环境的作用，又能够反作用于环境。

人们在环境中的感受被称为"场所感"。戈登·库伦（Gordonu Cullen）将"场所感"描述为一种特殊的视觉表现，能够吸引人们进入空间之中。

2. 本能性

在景观规划设计中，设计师对环境使用者的充分理解是很有必要的。现代主义景观规划设计师约翰·O. 西蒙兹（John O. Simonds）❶认为，在景观规划设计中，人保留着自然的本能并受其驱使，因此要实现合理的景观规划设计，就必须了解并研究这些本能。同时，人们渴望美和秩序，在依赖于自然的同时，还希望可以认识自然的规律，改造自然。因此，理解人类自身，了解并把握人们在景观环境中的行为与心理特征，是景观规划设计的基础。

3. 认知性

环境中人的行为是可以被认知的，设计师可以基于此来"规划设计"人的体验。如果人们在景观环境中得到的体验正是他们需要的，那么这

---

❶　约翰·O. 西蒙兹是早期的现代主义景观规划设计师、规划师、教育家和环境学家。

就是一个成功的设计，或是一个"以人为本"的设计；反之，则会事与愿违。因此，景观环境设计应注重对人在环境活动中的心理特征和行为特征的研究，营造不同特色、不同功能、不同规模的景观空间，以满足不同年龄、阶层、职业的人的多样化需求。

例如，夏日广场上的树荫决定了人群的分布。在炎炎夏日，人们都趋于选择在阴凉的地方休憩，而暴露在阳光下的场地则无人问津。在夏热冬冷的亚热带季风气候带，户外公共空间中的休憩座椅的上空要求夏日遮阴、冬季日照充足，因此可以选择在休憩座椅旁种植落叶乔木。同样地，座椅材质也影响着人们的使用频率，因此应尽量选择导热系数低的木材、塑料等材质，而不是导热系数很高的金属或者石材。

再如，人们在长期使用景观环境的过程中，会由于人和环境之间的相互作用，在某些方面逐渐形成具有一定规律性、普遍性的行为特征，表现出很多共性甚至是习惯性的行为。譬如，从众性、趋光性、个体性以及依托性等。这些行为和心理特征都是人文景观环境设计的重要依据与研究内容。

第五节　设计程序原则

一、实施程序

作为工程设计，景观规划设计需要按照设计的基本步骤，遵循工程设计的程序性原则。尽管景观项目可能因具体情况的不同而有所差异，但是从整体来看，大多数项目一般都是按照"接受委托、明确目标，场地调查、资料收集，信息分析、设计构思，实施设计、回访评估"的程序进行的。

（一）接受委托、明确目标

景观规划设计工作都是从接受工程设计委托开始的。为了在开展工作过程中有章可循，委托方和设计方都要按照互信、互利、互惠等原则签订委托协议或者委托合同。依法委托和接受委托，是为了保障设计工作的有序进行，同时也是为了有效地保护双方的合法权益。在签订委托协议时，设计方要明确设计的目标，以便对设计项目的基本情况产生比较全面的了解。

（二）场地调查、资料收集

场地调查即现场踏勘，是景观规划设计具体工作的开始。其目的是获得对设计场地的整体印象，收集相关资料并予以确定。对场地周边环境整体的把握、尺度关系的建立、风格风貌的构想等，都必须通过现场踏勘才能够获得。实际上，有特色、符合场地特征的优秀景观规划设计方案的初步构思往往都是在现场形成的。

（三）信息分析、设计构思

场地调查、资料收集完成后，就可以针对收集的各种资料进行信息分析，然后在信息分析的基础上进行设计构思。不同的设计构思会产生不同的方案，每个方案都有各自的优点和不足，因此设计者要将各个方案集中起来进行对比，在比较中进行优化，对于好的予以保留，对于不足的则进行改进或放弃。在构思的初始阶段，设计者可能会提出多个建议，经比较后形成两个或者三个方案，然后对这几个方案进行优化、取舍或整合，进而形成最终的设计方案。需要注意的是，最终的设计方案并不是把所有方案的优点集中起来进行简单拼接，而是有选择地将各种方案的优点进行有机结合，对最终方案加以适应性的改进。

（四）实施设计、回访评估

在设计方案确定后，就可以展开详尽的工程设计，即进入景观施工图阶段。之前的阶段，更多的是对外部景观空间进行规划；而在本阶段，尽管工作的重心更多地放在平面功能和系统的建立与完善上，但是对于规划后的外部空间设计定位与构思也在同步进行。

景观项目建设完成后，景观规划设计者还要进行不定期的回访并根据回访结果对设计方案进行评估。这样做有助于景观规划设计者发现方案中的优缺点，如验证场地的使用情况是否符合设计初衷，区域划分、路径规划等是否合理，进而积累经验，不断提高自身的专业能力。

二、设计过程中应遵循的原则

在景观规划设计过程中，运用一些设计手法和技巧对景观空间进行处理，应当遵循一定的设计原则。针对实际景观规划设计项目，在项目前期进行调研分析时，应认真分析环境的需求、造景的需求、气氛的要求等因素，进而强调和突出现代景观空间的特点，运用科学的理论和方法，以强化景观的品质和环境效果为目的，关注现代景观规划设计的原则和内容。简单来说，在设计过程中必须遵循师法自然、以人为本、因地制宜、可持续发展的基本宗旨，并在此基础上，考虑形式美法则和景观营造的基本原则。

（一）在构思和立意时应遵循的原则

①构思和立意必须在重视景观功能的前提下进行。

②景观艺术意境的创造需要重点强调景观效果。

③立意的同时必须重视环境效果的影响。

（二）在相地和选址时应遵循的原则

①通过分析大环境的特点，充分利用和保护自然环境成分，同时注意其他因素的影响。

②提倡"自成天然之趣，不烦人事之工"的设计思想，尽量遵循因地制宜的原则，以取得"相地合宜，构园得体"的效果。

③进行环境气候条件分析，了解气候、朝向、土壤、水质等因素对景观规划设计的影响。

（三）在组合和布局上应遵循的原则

①注意巧妙地运用空间组合要素的对比，如体量的对比、形式的对比、明暗虚实的对比等，营造既统一又富有变化的空间氛围。

②注意加强空间的流通和渗透，如相邻景点的流通与渗透、室内外空间的流通与渗透等，形成连续的景观环境。

③注意现代景观空间的序列和层次，这是组织现代景观空间的总原则。

（四）在处理空间的尺度和比例时应遵循的原则

①根据现代景观空间的规模大小，选择景观要素的合适尺度和比例。

②把握好景观要素的细部尺度，处理好细部与整体的关系，力求整体协调，体现出一定的亲切感和舒适感。

③处理好景观各要素之间的尺度关系，设计适宜的景观建筑、景观小品、景观植物与景观设施等。

④对于景观中的视角焦点和观景场所，在景观规划设计中应该注意对不同视距和视角的选择，使其能在不同的状态下被欣赏。

（五）在色彩与质感的处理上应遵循的原则

①注意景观规划设计所选材料的色彩与周围环境的协调程度，适当运用对比与微差的手法进行氛围的营造。

②把握色彩的地域性和民族性，正确处理不同民族和人群对色彩的偏好，将它们恰到好处地运用到景观规划设计中。

③正确运用人工照明方式和光色的影响，使其与景观环境的颜色相协调，把握其使人产生的不同心理感受。

（六）在处理结构、构造与形态时应遵循的原则

①在景观规划设计中，结构、构造与形态是相辅相成的。因此，在满足一定的形式与形态要求的前提下，应当考虑结构与构造的可行性。同时，结构与构造也能够为形态提供各种技术性的创新思路，建构思想即来源于此。

②由于结构、构造是形态的载体，注意结构与构造的合理性和科学性是景观规划设计得以实现的前提条件。

③景观规划设计中的结构与形态除满足自身特点要求外，还应考虑与周边环境的协调关系。

第六节 地方性原则

地方文化是一个区域人文思想传承与发展延续的灵魂，是区域文化艺术生存与发展的基石和源泉。地域文化承载着悠久的历史，将之融入景观规划设计，能够唤起人们对景观规划设计审美价值的认同感并体现文化价值的历史重构性，能够使人们产生对历史文化和地方风俗文化的认同感与精神归属感。

著名景观规划设计师俞孔坚❶在《景观的含义》中指出了景观作为符号的含义："它记载着一个地方的历史，包括自然、人文和社会的历史，讲述着土地的归属，也讲述着人与土地、人与人、人与社会的关系。"地方文化是活的，是不断生长与发展的。地方文化的融入赋予了景观新的生命，同时景观规划设计也推动着地方文化的传承与发展。

从国际式景观规划设计到地域主义风格景观规划设计，关于地方文化与景观规划设计相结合的问题早已受到很多专家、学者、建筑师们的关注和重视。地方文化景观规划设计呈现出的丰富的内涵越来越受到人们的喜欢，关于景观规划设计中地方文化符号的应用的著作也层出不穷。

一、景观规划设计与地方文化

（一）地方文化的概念

文化是一种社会现象，是人们长期创造形成的产物，同时又是一种历史现象，是社会历史的沉淀物。地方文化是在自然条件影响下形成的小范围文化，具有独特性和与时俱进的灵活性。地方文化由人产生并影响着人们生活的方方面面。

---

❶ 俞孔坚，美国艺术与科学院院士，北京大学建筑与景观设计学院教授，曾获多项国内外重要奖项。

（二）景观规划设计和地方文化的关系

在景观规划设计中融入地方文化，就是将某一地区在历史长河中流传下来的文化精华应用到设计中。这种方式不仅能起到美化环境的积极作用，同时又能增强景观规划设计的人文底蕴，对景观规划设计的进一步发展有着至关重要的影响。下面将以园林景观规划设计为例进行分析。

1. 景观规划设计为地方文化的表达提供了途径

地方文化是地方的故事，是人们的记忆，而故事和记忆是景观的灵魂。园林景观为地方文化的展示提供了广阔的展现平台，是弘扬地方文化的有效载体和重要途径。人们可以在游览中与景观元素亲近互动，在互动中"倾听"地方故事、"触摸"地方文化。

以古代景观为载体设计改造园林景观，在最大限度地保留原有景观的同时结合现代造园手法，能够为人们呈现具有深厚文化底蕴的园林景观。例如，山东省济宁市的南池公园就是以古南池为载体，以唐代王母阁（原名天雀阁）为主要景观而建造的，整个公园旨在唤醒济宁人民的历史记忆。

景观规划设计能够将地方文化以更直接、更易懂的方式呈现在人们面前，使地方文化的呈现不再仅也局限在书本之中。景观以其独特的方式影响着人们对所在地区的认知。因此，景观规划设计不仅是设计者情感的表达，也是人们对历史情感的表达。

2. 地方文化为景观规划设计提供了素材和灵感

地方文化涉及的地方习惯和风土人情，为园林设计提供了重要的素材。❶ 这些素材又影响着不同园林风格的形成，让不同园林在相同的造园要素中拥有其独特的气质。从中国古典园林的发展阶段来看，园林的产生和发展都是在文化这个大的背景中进行的。人们对事物认知的改变造就了文化的进步，同时文化的发展又为造园者提供了更为丰富的素材。

从魏晋南北朝时期开始，文化就与园林有着密不可分的关系。到唐宋时期，士流园林和文人园林的出现更是将文化与园林的结合推向了巅

---

❶ 林宇. 分析园林景观设计中地方文化的运用 [J]. 江西建材，2017（23）：188-189.

峰。从此，园林摆脱了单一的实用功能，开始向着多方向发展。在当代，贝聿铭以苏州当地的粉墙黛瓦为蓝本，设计了苏州博物馆，同时将石与墙壁结合而表现出的美感发挥到了极致。

总而言之，文化给景观注入了更具特色的强大活力，打破了当前景观规划设计的一大通病——模式化设计和单一化设计。地方文化给景观规划设计师提供的新灵感使园林景观表达的故事更具延续性、丰富性。

二、景观规划设计与地方文化元素的结合原则

（一）尊重地方文化和历史原则

在景观规划设计的过程中，要尊重当地的历史和风土人情，严格保护地方文化的特色，这是景观规划设计的核心与灵魂。只有秉持正确的设计态度，深刻了解当地的文化和习俗，结合地方文化要素与园林景观，才能打造出具有独特性的园林景观。❶

（二）整体性原则

地方文化具有整体性的特点，即生态系统的完整性，因此一定要有机结合地方文化和地方环境。整体性原则分为两个方面：一是景观规划设计结构的整体性，二是景观规划设计功能的整体性。在景观规划设计结合地方文化元素时，要考虑景观与周边环境的相融度，最大限度地满足生态功能。在景观规划设计中融入当代艺术和传统地方文化，能够体现地方文化在景观规划设计中的重要性。❷ 具体而言，要充分考虑地方环境中的各种因素，依据各自的特色，巧妙设计，使自然景观与人文景观及文化要素和谐统一，在遵循整体性原则的基础上，最大限度地呈现地方文化的面貌。

（三）生态性原则

生态性原则是指景观规划设计需要设计者与自然和谐相处，充分表

---

❶ 张淼，孙久兰. 地方文化在园林景观设计中的应用与体现 [J]. 绿色科技，2018
　（23）：140-141.

❷ 刘春燕，刘玉石. 园林景观设计中的地方文化探析 [J]. 园林装饰，2018（35）：52.

达对自然的尊重,将地方文化元素铺陈到自然中,不突兀且不破坏整体,使设计得以传承与发展。景观规划设计应注重生态性原则,不仅要符合时代号召,也要实现景观的长久性、资源利用的可持续性。科学生态的景观规划设计,能够实现整个区域的生态性和可持续发展性。

(四)以人为本的原则

中国传统的设计理念,就是将人与自然紧密结合,达到和谐共生,讲究借助山水设计和自然的渗透达到人的宁静。坚持以人为本就是为了通过改造和设计景观,不断提升人的幸福感。例如,苏州园林是古代商贾为了获得宁静舒适的个人生活和家庭生活空间而设计建造的,采用了大量园林景观规划设计,如假山、河池、地方性特色的植物盆栽,通过镂空、雕饰等方式,营造了精巧幽深的环境空间。苏州园林既是深刻的园林艺术,也是一种人文关怀。

以人为本的景观能满足人们的基本需要。景观的服务对象是人,景观的整体功能是通过人显现出来的。因此,在进行景观规划设计时,要注重"以人为本"的原则。当景观规划设计与地方文化相结合时,也要考虑对人的教育意义,如景观表达的主题是否直观,是否能被游览者直接接受等。优秀的景观规划设计能给人以美的享受,是人与自然交流的渠道。只有充分满足民众的休闲和审美需要的景观规划设计,才能够被人们接受。

三、在景观规划设计中体现地方文化的方法

(一)保留并充分利用地方文化特色

我国幅员辽阔,历史悠久,不同的地理环境造就了不同的地方文化。但是,在时代浪潮下,许多地方文化都在逐渐消亡。因此,保护地方文化成为景观规划设计结合地方文化要素的第一步。在具体设计时,对地方文化要"取其精华,去其糟粕",做到合理运用地方文化。只有在景观规划设计中恰当地运用地方文化,尽可能地展示地方文化要素,真实地反映历史文化,才能最大限度地结合景观规划设计与地方文化要素。

（二）提取地方文化元素符号

由于地方文化元素内容相对复杂，在景观规划设计的过程中，要从大量的地方文化元素中提取具有代表性、具有深刻教育意义的元素符号进行设计，然后通过对元素符号的推演变化，使其融入景观规划设计要素。

元素符号包括建筑语言、神话传说、历史典故和传统民俗等。例如，济宁地区将"三孔""水泊梁山""运河"等作为地方文化元素符号，浙江省杭州市将西湖作为地方文化元素符号。选取的地方文化元素符号一定要具有代表性，并可从多种途径进行表现。

（三）再现标志性历史文化

再现标志性历史文化不仅是对文化的保护，也是对历史文化的传承。景观规划设计师只有深刻了解当地的文化并具有相应的设计素养，才可以以园林景观的形式科学地呈现地方历史文化。

（四）与现代理念结合进行创新应用

随着时代的进步，传统的地方文化元素应用手法已不能完全满足景观规划设计的要求，因此需要充分利用现代材料展现地方文化元素，创新应用地方文化元素，以实现传统文化与现代特色在园林景观中的交融。应用现代材料和使用现代理念设计具有历史文化气息的园林，并不会打破整体景观的平衡，这只是一种展示地方文化元素的途径。例如，河北省秦皇岛市汤河公园的"红飘带"，不但没有破坏河流廊道，反而保护了生态多样性，同时"红飘带"整体表现的灵动性也体现了秦皇岛"以水为傲"的地方文化。因此，景观规划设计师要合理恰当地创新使用现代景观规划设计手法。

第四章　景观规划设计的发展趋势

随着我国物质的逐渐富足、科技的逐渐发展，人们对精神生活的要求越来越高。在此背景下，景观规划设计不再局限于满足城市的基本生活需求，逐渐形成了具有文化性、生态性、功能性、审美性、艺术性的发展趋势。

第一节　景观规划设计的文化倾向

随着景观规划设计在中国的蓬勃发展，人们对景观的要求越来越多样化，把文化融入景观成为景观规划设计的整体趋势。

一、文化融入居住区景观规划设计

（一）居住区景观规划设计中体现文化与意境的条件

1. 环境条件

环境条件主要包括物质环境条件和精神环境条件两方面。中国地大物博，不同地域的气候特点、土壤特点决定了居住区景观的地形走向、植物选择，甚至空间的营造方法。在居住空间中，精神环境与物质环境同时存在。四大现代建筑师之一赖特（Wright）❶曾说："有机建筑是建造的艺术，其中，美学与构造不仅彼此认同而且彼此证明。"因此，每个地方都有自己的特性和精神，具有自己独特的气氛，即场所精神。居住场所作为人们日常起居的必要场所，居民的归属感和认同感尤为重要。

受场所精神影响，不同地区历史发展的文化脉络、生活条件、生活节奏等均各异，这也是导致地域内居民具有不同性格特点和喜好的重要因素。例如，东北人大多性格豪爽，是由东北地区的历史沿革特点造成的；四川人喜辣，主要是因为四川空气潮湿，辣椒可以刺激身体排汗。因此，针对不同地域的不同物质环境条件和精神环境条件进行居住区景观规划设计是改善城市趋同化发展和地域文化缺失的重要途径，也是景观规划设计中表达文化与意境的有力手段。

2. 文化条件

文化条件主要包括传统文化条件和地域文化条件两方面。近年来，基于文化自信的理念，传统文化的传承得到了广泛关注。民族文化的积淀并不是民族历史的流水账，它承载着先人在文明发展中的精神。对于现今的居住区景观规划设计，不能仅仅模仿古人的设计样式，还要领悟其精神，营造其意境。

以传统文化为前提，地域文化是传统文化的多样性表达。地域文化的形成除了历史、地理的自然赋予外，还有赖于生活在一方水土的人们的创造，有赖于文明与文化的积累和流传。不同地区在发展的过程中呈现出不同的特色，其环境和气候特点各有利弊，因此不同地区的居住区景观规划设计在材料应用、设计手法等方面也大相径庭，形成了因地制宜、各有千秋的居住区景观规划设计。

（二）居住区景观规划设计中文化与意境的表达途径

中国对于意境的营造要从古典园林谈起。《园冶》中的"虽为人作，宛自天开""巧于因借，精在体宜"，便诉说着古人的意境营造手

❶ 赖特，工艺美术运动（The Arts & Crafts Movement）美国派的主要代表人物，美国艺术文学院成员，美国著名建筑师，在世界上享有盛誉。

法，同时承载着中国悠久的历史文化。虽然古典园林的造园手法对现今的居住区景观中意境的表达具有重要的借鉴意义，但是在应用的过程中，宜"刚柔并济"，结合当代的物质和文化现状进行研究。文化和意境的表达不应仅仅存在于居住区景观规划设计中的一个环节，而是应贯穿其中。首先，要对整体空间的规划以及局部空间的表达有总体规划；其次，要落实到单个三维整体和二维上进行呼应、点缀和点睛，最终达到表达目的。

1. 运用空间表达

空间的建造在居住区景观规划设计中既是文化和意境表达的雏形形成阶段，也是最终呈现的完整景观形式。面对材料和技术的发展，以及地域环境和文化的不同，在这一阶段应当打开思路，孵化出总体的景观蓝图。

例如，充分利用地势叠山理水，根据气候和土壤环境，利用可选择的植物构成空间环境。在最终完成阶段，再次从总体角度审视空间环境，做出最后调整，在表达过程中关注整体，最终形成"总—分—总"的结构，实现完整的、符合地域性的、表达文化和意境的居住区景观规划设计。

2. 运用立体表达

居住区景观规划设计中的立体表达通常是指可供独立欣赏的景观或居住区要素，如小区入口、景观小品等。

小区入口是居住区景观的"门面"，可以作为一个三维整体进行设计。其表达的风格特点会引起先入为主的认知，但是这并不意味着必须将小区入口设计得张扬大气，也可以采用欲扬先抑的表现手法，营造曲径通幽、豁然开朗的意境。小区景观小品则是展现居住区活力的有力要素，可以准确地表达营造的意境。

总而言之，立体的表达方式相对独立，可以展现独特魅力，但也需与整体相契合。

3. 运用界面表达

运用界面表达居住区景观规划设计中的文化和意境是精练有力的，因为其给居民带来的视觉感受更为突出，一般包括建筑立面、地面、墙面等。例如，建筑立面的点缀通常并不复杂，但往往是点睛之笔；在并不是开阔视野的小区入口处设置景观墙，收缩人们的视线，也可以展现环境的特点。

运用界面表达居住区景观规划设计的文化和意境一般受环境因素的影响较小，可以运用现代技术、材料和手法更精准地诠释文化和营造意境。从借鉴中国古典园林的造园手法的角度来看，居住区景观既要保留对居住环境诗情画意意境的表达，又要适应现代生活节奏。因此，在居住区景观的规划上，对于风景宜人的区域，不仅要大力把握天然优势，而且要设计捷径供居民穿梭。

总的来说，上述表达途径并不是单独存在的，其综合应用也具有重要的意义。例如，对于门窗的设计表达可应用于各个方面。门窗样式、花纹、尺寸等的单独设计为界面表达，而门窗个体的设计为立体的设计表达，在门窗的使用过程中采用障景、漏景等空间营造属于空间表达。因此，居住区景观规划设计中的文化与意境的表达并不是单一的、部分的，而是彼此纠葛的、互为整体的，最终应以文化为指导，表达出居住区景观富有浓郁地方色彩的意境。

二、文化融入街道景观规划设计

（一）城市街道景观文化的形成

1. 时代精神的演变

每个时代都有自己时代的精神，而街道景观是体现时代精神的重要方式，因此街道景观规划设计不可避免地会受到时代精神的影响。中国古人深受传统文化的影响，在园林设计上强调"壶中天地"，讲求"虽由人作，宛自天开"，街道景观规划设计也是如此。不论是秦汉时期的驰道❶文化，还是唐代末期的棋盘式街巷格局情趣，体现的都是那个时

---

❶ 驰道是中国历史上最早的"国道"，始于秦朝。著名的驰道有9条，包括出今高陵、通上郡（陕北）的上郡道，过黄河、通山西的临晋道，出函谷关、通河南、河北、山东的东方道等。

代人们的一种审美心态。西方古代城市的街道景观也同样与那个时代国家的政治文化息息相关。因此，景观规划设计师需要设计出适应时代精神的景观。巴西造园大师罗贝尔托·布尔莱·马尔克斯（Roberto Burle Marx）就敏锐地抓住了现代生活快节奏的特点，在景观规划设计中把时间因素考虑在内，使观者自身在高速中获得"动"的印象。需要注意的是，时代精神在不断地发生变化，因此现代景观规划设计只有不断地拓展延伸才能适应不断发展的时代精神。

2. 现代技术的促进

可持续性的现代街道景观规划离不开技术的支持。新的技术不仅能更加自如地再现自然美景，还能创造出超出自然的人工景观。它不仅极大地改善了用来造景的方法与素材，而且带来了新的美学观念。凡尔赛宫的水景设计就是一个典型的由于技术欠缺而限制了景观表现的例子。因为无法解决供水问题，凡尔赛宫的1 400个喷泉无法全部开放。现代喷泉水景不仅有效地解决了供水问题，而且体现了极高的技术集成度，将水的动态美发挥到了极致。

技术对景观的影响远远不止于水景，它还引进了一批崭新的造园因素。例如，现代照明技术的飞速发展创造了一种新型的景观——街道夜景。城市的夜景给人们带来了美的享受，灯光建设也已成为一个城市经济发展的外在表现及其文化底蕴、文明程度的集中体现。

另外，生态技术的应用使一些风景区的街道焕发了新的生机。一系列生态观念，如"海绵城市""生态系统观""生态平衡观"等观念的引入使现代景观规划设计师不再把街道景观规划看成一个单独的过程，而是将之作为整体生态环境的一部分，并考虑到了其对周边生态影响的程度与范围，以及产生何种方式的影响。同时，涉及动物、植物、昆虫、鸟类等生物的生态相关性已日益为景观规划设计师们所重视。

3. 现代艺术思潮的影响

20世纪30年代末，欧洲、北美、日本的庭园和景观规划设计领域已开始了持续不断的相互交流和融会贯通。在这些地区，景观规划设计受到了20世纪各种艺术流派，如从立体派❶、极简主义、包豪斯（Bauhaus）风格❷的影响。在这种文化范围里，三位著名的艺术家和设计师在推动当代景观艺术的发展方面产生了巨大的影响。他们是巴西画家罗贝尔托·布尔莱·马尔克斯，日裔美籍雕塑家野口勇❸（Isamu Noguchi）和墨西哥建筑师路易斯·巴拉冈（Luis Barragdn）。这些大师们虽然不一定具备景观建筑学的专业等级头衔，但是很多科班出身的景观建筑师都受到了他们的影响，如20世纪50年代以后出现的著名景观建筑师托马斯·丘奇（Thomas Church）、丹尼尔·本·基利（Daniel Urban Kiley）、加勒特·艾克波（Gaxcett Eckbo）、詹姆斯·罗斯（James Rose）和伊恩·伦诺克斯·麦克哈格（Ian Lennox McHarg）等。

不同的艺术流派联合在一起产生了综合效应，使得景观建筑师们能从这些形式复杂多样的艺术风格中获取创造灵感。在此背景下，虽然20世纪末的景观规划设计形式多样，但是也有共同的特征。首先是空间特性，景观建筑师们从现代派艺术和建筑中汲取灵感去构思三维空间，再将雕刻方法加以具体运用。现代街道景观不再沿袭传统的单轴设计方法，立体派艺术家的多轴、对角线、不对称的空间理念已被景观建筑师们加以利用。其次，抽象派艺术同样对景观规划设计起着重要作用，使曲线和生物形态主义的形式在街道景观规划设计中得以运用。最后，景观建筑师们还通过对比的方法借鉴了国际建筑风格中的几何结构和直线图形，并把它们应用于当代街道景观规划设计。总的来说，多样性是当代街道景观规划设计的显著特点，如哥本哈根著名的艺术街区。

（二）城市街道景观文化的价值

1. 展示街道景观特色，弘扬城市文化

文化是历史的积淀，留存于城市中，融会在人们的生活中，并对

---

❶ 立体派是西方现代艺术史上的一个运动和流派，又译为"立方主义"，1908年始于法国。

❷ 包豪斯风格是现代主义风格的另一种称呼。事实上，"包豪斯"是一种思潮，并非完整意义上的风格。

❸ 野口勇是20世纪著名的雕塑家之一，也是最早尝试将雕塑和景观设计相结合的人。

市民的观念和行为有着无形的影响。现代城市街道景观因面向大众而具有公共性，不仅需要满足人们休闲娱乐的需求，还肩负着弘扬优秀传统文化和展示现代文明风范的重任。城市丰富的文化是城市悠久历史的见证，是城市重要的物质财富和精神财富，具有感召力和凝聚力，对于提高社会各阶层的文化素养和思想品味、陶冶情操，以及增强民族自信心、自尊心和弘扬爱国主义精神等方面有着极其重要的作用。城市街道景观中对历史要素的尊重和积极利用，能促进城市文化的弘扬。在现代城市街道景观中，我们常常可以看到刻在景墙上的脍炙人口的诗词歌赋，以及取材于历史的有教育意义的历史典故等。

2. 满足人们的怀旧情结

工业革命以后，人类社会进入了前所未有的快速发展阶段，科技迅猛发展，物质得到了极大的丰富，特别是城市面貌出现了巨大的变化。现代的城市充斥着现代化的高楼大厦，到处是体现速度和效率的城市交通，人们满怀热情地向新时代迈进。然而，快节奏的生活十分容易使人们遗忘历史。现代人已经认识到历史的重要性，历史和各种文化遗存已成为人们追忆过去的精神寄托。城市街道景观与人类社会各方面的发展有着密切的联系，不同程度地折射着社会的各个侧面，而现代人的这种尊重历史的态度和怀旧情结也反映在城市街道景观规划设计中。例如，浙江省温州市的五马街（图4-1）吸引人的不仅是其繁华的商业气息，也是人们对温州这座城市的历史和传统的追寻和怀念。

图 4-1　浙江省温州市五马街

3. 为街道景观规划设计提供素材

城市悠久的历史和丰富的文化，给城市街道景观规划设计提供了素材，景观规划设计师可以从中获取不少设计的灵感。例如，在江苏省江阴市的步行街景观规划设计中，江阴市悠久的学政衙署历史为设计师提供了创造素材。又如，在上海市滨江路的景观规划设计中（图4-2），船厂悠久的历史和特色文化为设计师提供了创造素材；设计师把船坞、滑道、起重机和铁轨等元素保留下来，使这个景观具有了独创性和标志性。美国设计师玛莎•施瓦兹（Martha Schwartz）在美国明尼苏达州明尼阿波利斯市联邦法院街道节点设计中，从城市的发展史中获取了灵感，以当地的植被和横放在街道上的原木隐喻了这个地区以林地吸引移民、以木材为经济基础的历史和文化。

图4-2　上海市滨江路

4. 增加城市文化内涵

城市景观是人类社会发展到一定阶段的产物，是一种文化现象，蕴含着人类文化的结晶；现代的街道景观更是体现了人们对文化内涵的追求。城市的历史具有唯一性，城市的文化具有地域性，在城市街道景观规划设计中融入城市的历史和文化，能增强城市的历史感和文化内涵。景观可以复制，但景观包含的文化内涵不能移植，因为它是在特定的环境的产物。只有具有文化内涵的景观才能拥有真正的生命力，才能真正给人精神上的慰藉。

第二节　景观规划设计的生态化倾向

随着景观规划设计的发展，人们意识到了景观生态化的重要性，生态景观规划设计中生态主义的思想也得到了重视。人们不再一味地追求形式，开始寻求大片绿地和高科技"天人合一"的生态环境，景观生态化设计也由此诞生。

景观生态化设计是一门交叉学科，涉及哲学、地理学、植物学、艺术学、建筑学、规划与生态学等多门学科。

一、生态化设计

生态化设计是指将环境因素纳入设计，要求设计的所有阶段均考虑环境因素，减少对环境的影响，引导环境的可持续性。

（一）生态化设计的概念

生态设计是指遵循生态学的原理，建立人类、动物、植物关系之间的新秩序，在将对环境的破坏减至最小的基础上达到科学、美学、文化、生态的完美统一，为人类创造清洁、优美、文明的景观环境。可持续的、有丰富物种和生态环境的园林绿地系统才是未来城市设计的主流趋势。

（二）生态化设计的原则

首先，要尊重当地的传统文化，吸取当地的知识。因为当地的人依赖当地的物质资源和精神寄托，所以设计应考虑当地人及其文化传统。其次，应当顺应基地的自然条件，根据基地特征，结合当地的气候、水文、地形地貌、植被和野生动物等生态要素的特性展开设计，保证当地生态环境正常运行。最后，应当尽量因地制宜地利用原有的景观植被和建材，强调生态斑块的合理分布。自然分布的斑块本来就是景观上的一种无序之美，只要在设计中加以适当地利用改造，就能创造出具有生态美的景观。

（三）景观生态规划设计

景观生态规划设计意味着尊重环境生态系统，保持生态系统的水循环和生物的营养供给，维持植物生态环境和动物生存的生态质量，同时改善人居环境及生态系统的健康。

以多伦多当河下游的滨水公园（Toronto Lower Don Lands Park）为例，该项目的设计目标是在安大略湖畔兴建一座城市公共滨水公园，使其成为城市与水源的媒介。该设计为市民创造了新的娱乐休闲场所，改善了市民的生活环境，同时经过治理的当河下游地区还能够为鸟类和各种水生植物提供新的湿地和栖息场所，并为喜欢钓鱼的市民提供良好的水源环境。这个新的公共空间和当河新支流的南岸地带相连，并建有一条极具现代气息的木质漫步道。漫步道的尽头建有一处码头观察台，是整个滨水公园的中心活动区，是举办各类活动庆典的理想场所，为欣赏多伦多整体城市景观提供了一个全新的视角。此外，公园中的河谷地带，既为当河提供了溢洪道，也为各类有组织的娱乐、休闲、体育活动提供了良好的活动场所。

（四）城市生态景观规划设计

城市作为一种聚落形式，为人类提供了适宜生存的场地和环境。城市生态系统是由人类建立的生态系统，与人类的行为活动具有非常密切的联系；而自然生态景观广泛存在于自然界中，必须遵循自然规律。我们可以把城市生态景观规划设计看作人工与自然形式的结合，只有人工与自然相结合的城市生态才是可持续性发展的生态环境。

随着人们对环保事业的关注程度日益提升，营造自然的、绿色的生态人居环境景观成为人们共同关注的话题。"城市花园""山水城市""生态城市"等未来城市的发展模式正在慢慢形成，同时城市生态理念使得景观生态学、景观生态规划等新兴学科应运而生。

二、生态化融入居住区景观规划设计

(一)居住区生态化景观规划设计蕴含的生态学理念

1. 居住区景观和周围自然环境保持统一和协调

随着生活质量的提高,人们对居住环境提出了更高要求。大多数人都想要过上低碳生活,因此在进行住房选购时,不仅会对户型和建筑质量提出严格要求,还会对居住环境进行严格考量。对此,景观规划设计人员应将"自然至上"作为规划设计居住区景观的基本原则,并根据周围的自然环境对居住区景观进行设计,确保居住区景观能够和周围自然环境保持统一性和协调性,进而为人们创造绿色、环保的居住环境。

2. 保持区域内生态系统的完整性

城市居住环境是生态系统的一部分,居住区景观生态系统是城市生态系统的重要组成。然而,在建设居住区时,往往会对周边的生态环境造成一定破坏和不良影响,对周边环境进行开发时也会出现同样的问题。在此过程中,如果破坏了生物结构的平衡性,就会影响到生态系统的自我修复,从而对生态系统造成毁灭性的破坏,最终严重影响整个区域的生态系统。基于此,在设计居住区景观时,必须对周边的生态系统进行勘察,综合考虑周边的生态环境因素,以保证区域内生态系统的完整和稳定。

3. 景观规划设计具有丰富性

景观规划设计过于单调是目前我国居住区景观规划设计中最为常见的问题。单调的居住区景观会让人们感到无趣,从而影响居住区景观实际意义的发挥,且还会对景观规划设计功能的体现造成影响。

对居住区景观规划设计进行调查后可以发现,对景观丰富性造成影响的因素主要有两点:一是很多居住区都没有留下充足的空间进行景观规划设计,面积过小的景观根本不能体现景观结构,对景观规划设计效果造成严重影响。二是一些施工单位为了获得更高的经济收益,对居住区景观规划设计不重视,甚至会将用于建设景观的面积用来建造建筑

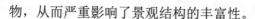

物，从而严重影响了景观结构的丰富性。

将生态化融入居住区景观规划设计则可以解决上述问题。具体而言，将代表科学的生态化思想和原则渗透到景观设计中，强调景观与生态艺术的结合，能够使景观规划设计更加丰富。例如，选择适宜在当地种植的植物，将乔木、灌木、花卉、地被植物搭配种植，可以创造丰富多彩的植物景观环境，给人一种置身自然的感觉。

（二）生态化融入居住区景观规划设计的原则

1. 因地制宜原则

在进行居住区生态化景观规划设计时，一定要坚持因地制宜原则和生态理念。因地制宜原则要求对场地要素进行重点关注，生态理念要求将所有生命形式融入当地环境，把它们当作一个整体。例如，目前人们还没有能力控制气候，因此进行居住区景观规划设计时一定要充分尊重气候变化规律，根据当地的气候特点对居住区景观进行因地制宜的设计，而不能随意地进行设计，或是不按照自然规律进行设计。

2. 与自然生态保持一致性

与自然生态保持一致性要求设计人员根据可持续发展原则进行居住区景观规划设计，从而提高居住区景观的舒适性、生态性和可观赏性。规划设计居住区景观时一定要注意和人们的日常生活相联系，充分尊重自然，不能对自然环境进行无序改造。同时，景观规划设计师需要充分了解当地的自然环境特征，尽量不要对原有的生态环境造成破坏，还要了解当地的生态系统，以便在满足其他物种生态需求的同时为人们规划设计出高质量的居住区景观。

3. "以人为本"原则

设计的产生、发展和变化都离不开人，居住区景观的主要观赏者也是人。因此，在进行居住区景观规划设计时，一定要将人的感受作为重点考虑因素，将"以人为本"作为设计重要原则，充分体现对人的关怀。具体而言，设计人员需要对不同人群的心理特点进行深入分析，这样才能根据人们的心理特点为人们规划设计合适的景观。另外，居住区景观需要随着人们生活和观念的变化进行改变，只有这样才能确保景观能够满足人们的需求。

4. 开放共享原则

我国在几千年的历史发展过程中积累了很多智慧结晶和文化精华，可以说中华文化是组成世界文明的重要内容，是我国乃至全世界的宝贵财富。中华文化对我国的景观规划设计有着巨大影响，现在有很多景观规划设计人员都喜欢将我国传统元素融入居住区景观规划设计中，从而充分体现区域文化特征。

需要注意的是，景观规划设计人员在进行居住区景观规划设计时，既要遵守资源共享原则，又要严格遵守文化共享和生态共享原则，以便为人们创造一个和谐的生态居住环境，并促使居住区景观规划设计实现更好发展。

（三）生态化融入居住区景观规划设计的方式

1. 对景观元素进行合理规划

合理的景观布局是居住区景观规划设计的重要组成，可以充分展现居住环境。因此，景观规划设计人员应当对景观结构进行有效梳理，同时对景观中的河流、花草树木、道路进行合理规划，以保证整体设计效果。

基质、廊道和斑块是景观生态学对景观结构的划分，将生态化融入居住区景观规划设计，应当对景观布局的整体性进行有效把握，利用廊道合理串联设计斑块，以此来提高居住区景观规划设计的整体性，最终为人们提供整体效果较好的居住区景观。

2. 合理利用生态要素

进行居住区景观规划设计时，一定要对有价值的生态要素进行完整保留和合理利用，以便使居住区的人工景观和自然环境实现和谐统一。

要想实现这个目标，就要从三个方面入手：首先，保留现存植被。在进行居住区建设时，很多施工单位都会先清除施工现场的植被，然后再进行建筑物建设，等到完成建筑物建设后，再进行绿化工作。然而，一旦破坏了原生植被，再想恢复就需要花费大量的人力、物力和财力，而且恢复难度很大。因此，保留现存植被具有重要的现实意义。其次，结合环境水文特征。结合环境水文特征进行居住区景观规划设计需要保护场地的湿地和水体，同时还可以储存雨水，以备后期绿化使用。最后，对场地中的土壤进行有效保护。表层土壤是最适合生命生存的土壤，其中含有植物生长和微生物生存必需的各种养分和养料，因此保护土壤资源，能够为景观的生存和生长提供基础保障。

3. 对雨水进行回收再利用

雨水是一种受城市发展影响较大的环境因素。如果将城市路面都建设为不透水的路面，雨水就会经由下水道流到附近的湖泊或河流中。一方面，这种处理雨水的方式是对水资源的一种浪费，因为雨水不能渗透到地下，不能对地下水进行补充；另一方面，雨水在流到下水道的过程中会携带城市生活中的污染物，如果这样的雨水直接排放到自然水体中，就会对自然水体系统造成污染。此外，如果降雨量特别大，还会造成局部积水问题，情况严重时甚至会引发城市洪涝灾害。

因此，居住区景观规划设计需要注意对雨水进行回收再利用，即就地收集没有渗透的区域内径流，并对这些径流进行存储、处理和利用。具体而言，可以借助自然水体和人工湖泊等存储雨水，并利用雨水处理系统对雨水进行净化，用于对居住区景观进行浇灌、冲洗厕所，或作为消防用水等。这样既可以改善城市水环境和生态环境，还可以提高水资源利用率，同时能够缓解我国水资源紧缺问题。对于雨水不能渗入地下的问题，可以使用可渗透性材料铺设居住区道路，这样雨水就可以渗入土壤，从而补充地下水量。

4. 运用生态材料和生态设计技术

现在人们对居住区环境的要求越来越高，很多人都要求居住区配备个性的独立景观。将生态材料和生态设计技术应用到居住空间中既可以满足人们对景观环境的要求，又可以为人们提供完美的休闲娱乐场所。因此，景观规划设计人员需要全面理解和认识景观规划设计，不能过于追求景观规划设计的现代化和经济化；需要对景观规划设计的本质进行充分考虑，确保景观规划设计和生态环境之间形成和谐共处的关系。只有这样，才能实现将生态化融入居住区景观规划设计的根本目的。

现代居住区景观规划设计并不是一定要具备个性和创新性，而是应有效结合周边的自然景观和文化，通过合理地投入成本，对景观进行科学维护，对地域特点和自然特色进行充分考虑，同时结合人情文化和风土氛围，显著改善居住区景观规划设计效果。因此，在选择建筑材料时，一定要选择节能环保的材料，同时采用生态设计技术，只有这样才能推动居住区景观规划设计的长远发展。

第三节　景观规划设计功能的多元化

一、居住区景观规划设计功能

我国是人口大国，因而在很长一段时间内，我国对于居住区的设计重点都在高效利用土地上。中华人民共和国对于居住区的建设始于1957年，采用的方式是苏联的居住小区模式，其景观环境建设表现为简单地种上几棵树，铺上几块草地，在一圈住宅群中央设置一块小区中心绿地等形式。1998年以后，我国逐渐停止了福利分房制度，住宅的开发建设实现了全面市场化。在市场竞争的压力和市场的引导下，开发商为谋求经济效益，加大了对居住区景观规划设计的投入和开发力度，促进了我国现代居住区景观规划设计的发展。进入21世纪后，居住区景观环境设计不仅提倡"量"的增加，还提出要注重"质"的飞跃。

随着现代景观规划设计专业的发展，人们在基本解决了居住面积问题之后，开始对现代居住区景观的功能提出了更多的要求，主要体现在景观规划设计视觉景观形象、环境生态绿化、大众行为与心理三个方面。

（一）满足视觉景观形象的要求——审美功能

视觉景观形象主要从人类视觉形象感受出发，根据美学规律，利用空间实体景物，研究如何创造让人赏心悦目的环境形象。这是基于人们对审美功能的要求而设定的。在现代居住区景观规划设计中，创造丰富的视觉景观形象是一个重要任务，体现了人们对美的追求。

在居住区景观规划设计中，视觉景观形象通常是具象的、可见的实体，其呈现方式是多样化的，如构筑物、道路的铺装、植物、雕塑、水体等。任何元素在现代居住区景观规划设计中都充当着重要的视觉形象，同时这些视觉景观形象也给人美的感受，这也是基于当代人对居住区景观审美功能的要求。例如，小区中的水景、植物能够给人美好的视觉形象（图4-3）。

图4-3 某小区水景与植物的配置

（二）满足环境生态绿化的要求——生态功能

环境生态绿化是随着现代环境意识运动的发展而注入景观规划设计的现代内容。它主要是从人类的生理感受要求出发，根据自然界生物学原理，利用阳光、气候、动植物、土壤、水体等自然和人工材料，研究如何创造舒适的、良好的物理环境。这也是人们对居住区景观生态功能的要求。

相较于封闭的室内空间，人们更愿意去开敞的室外空间活动，这源于人类亲近大自然的天性。居住区景观作为居民日常活动的主要场所，充当着重要的角色。居住区景观的生态功能不仅表现在自然生态环境和人工生态环境两个方面，还表现在从可持续发展的角度来诠释景观的生态性。

自然生态系统在现代景观规划设计中依然不可忽视，因为良好的自然生态环境是打造现代化居住区的前提。在居住区生态绿化的建设中，可以通过多种方式来实现景观的生态功能，最常见的就是绿化种植。这里所说的绿化种植不仅拘泥于绿地的填充，也是对植物的设计，以及结合视觉景观形象打造宜人的、生态多样性的绿地环境（图4-4）。

图4-4　多层次植物景观规划设计

在能源和资源可持续发展方面，现代景观生态建设也在不断尝试和进步。在材料选择上，可以因地制宜地选择当地的材料，以节约人力和物力资源。例如，日本枯山水庭院就是在当时水资源匮乏和白沙资源充沛的环境条件下发展形成的，如图4-5所示。这种方式在现代景观规划设计中得到了广泛的应用，如利用常绿树苔藓、沙、砾石等常见造园素材，营造"一沙一世界"的精神园林。

在技术上，利用高科技手段、高科技材料同样能够达到一定的生态效益，比如常见的太阳能照明技术、雨水收集技术等，均能运用到现代景观规划设计领域中。随着现代景观规划设计行业的不断发展，在传

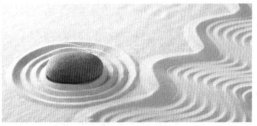

图4-5　日本枯山水景观

统生态学基础上产生了针对景观生态学的专项研究，进而可以利用系统方法和科技为现代景观生态研究提供一定的依据。但是，在实践过程中，关注生态问题和确切落实生态问题之间存在着巨大的脱节，景观规划设计人员往往在意识形态上有了认识，但是在物质形态的表现中有所欠缺。这种脱节的存在直接影响了景观的生态功能的实现，使设计出的作品不能满足人们对环境生态绿化的要求。从这一现象来看，景观规划设计人员还需要找到更多的途径来满足人们对现代环境生态绿化的要求。

（三）满足大众行为心理的要求——物质活动与精神活动功能

大众行为心理是随着人口增长，现代多种文化交流，以及社会科学的发展而注入景观规划设计的现代内容。它主要是从人类的心理精神感受需求出发，根据人类在环境中的行为心理乃至精神活动的规律，利用心理、文化的引导，研究如何创造使人赏心悦目、积极向上的精神环境。大众行为心理属于抽象的范畴，但是它可以通过具象的景观环境传达给人不同的感受。

要想使居住区景观具备物质活动功能，居住区景观规划设计就应当根据居民的物质活动，即物质文化生活和行为来开展。例如，居民需要丢垃圾，那么就应该在小区内部设置垃圾桶；居民需要在夜间行走，那么就应当在居住区内部设置照明设施；居民需要购买日常用品，那么就应当在居住区内部设置小卖部等。

除了物质活动功能外，现代景观规划设计还具备一项新的功能，即精神活动功能。例如，中国传统园林景观规划设计讲求"意境"就是最好的证明。传统园林里经常能看见托物言志、寄情于景的园林表达，注重人在环境中的心理感受和精神体验。

总的来说，现代居住区景观规划设计，在满足人们基本的物质活动的同时也要注重满足人们的精神活动，在精神上给人以享受。

二、园林植物景观规划设计功能

（一）保护和改善自然环境

植物保护和改善自然环境的功能主要表现在净化空气、杀菌、通风防风、固沙、防治土壤污染、净化污水等多个方面。

1. 固碳释氧

绿色植物就像一个天然的氧气加工厂，可以通过光合作用吸收二氧化碳（CO_2），释放氧气（O_2），平衡大气中的CO_2和O_2的比例平衡。

有关资料表明，每公顷绿地每天能吸收900 kg CO_2，生产600 kg O_2；每公顷阔叶林在生长季节每天可吸收1 000 kg CO_2，生产750 kg O_2，供100人呼吸；生长良好的草坪，每公顷每小时可吸收$CO_2$15 kg。每人每小时呼出的CO_2约为38 g，所以25 m^2的草坪或10 m^2的树林在白天就基本可以吸收掉一个人呼出的CO_2。因此，在城市中，每人至少应有25 m^2草坪或10 m^2的树林，才能平衡空气中CO_2和O_2的比例，使空气保持清新。同时，考虑到城市中工业生产对CO_2和O_2比例平衡的影响，还应提高上述指标。此外，不同类型的植物以及不同的配置模式，其固碳释氧的能力各不相同。

2. 吸收有害气体

污染空气和危害人体健康的有毒有害气体的种类很多，主要有二氧化硫（SO_2）、氮氧化物（NO_x）、氯气（Cl_2）、氟化氢（HF）、氨气（NH_3）、汞（Hg）、铅（Pb）等。有许多植物都具有吸收和净化有害气体的功能，但不同植物吸收有害气体的能力各有差别。

需要注意的是，"吸毒能力"和"抗毒能力"并不一定统一，比如美青杨吸收SO_2的量可达到369.54 mg/m^2，但是叶片在吸收SO_2后会出现大块的烧伤。也就是说，美青杨的吸毒能力强，但是抗毒能力弱。桑树吸收SO_2的量为104.77 mg/m²，但是吸收SO_2后，其叶面几乎没有伤害。也就是说，桑树的吸毒能力弱，但抗毒性较强。这一点是景观规划设计应该注意的。

3. 吸收放射性物质

树木本身不但可以阻隔放射性物质和辐射的传播，而且可以起到过滤和吸收的作用。根据测定，栎树林可吸收100拉德❶的中子—伽马混合辐射，并且吸收后能正常生长。因此，在有放射性污染的地段设置特殊的防护林带，在一定程度上可以防御或者减少放射性污染造成的危害。

通常情况下，常绿阔叶树种吸收放射性污染的能力比针叶树种强，仙人掌、宝石花、景天等多肉植物，以及栎树、鸭跖草等都具有较强的吸收放射性物质的能力。

4. 滞尘

虽然细颗粒物只是地球大气成分中含量很少的部分，但是它对空气质量、能见度等有很重要的影响。大气中直径小于或等于2.5微米的颗粒物被称为"可入肺颗粒物"，即$PM_{2.5}$，其化学成分主要包括有机碳（OC）、元素碳（EC）、硝酸盐、硫酸盐、铵盐、钠盐（Na^+）等。与较粗的大气颗粒物相比，细颗粒物粒径小，富含大量的有毒、有害物质，且在大气中的停留时间长、输送距离远，因而对人体健康和大气环境质量有较大的影响。2012年，联合国环境规划署（United Nations Environment Programme，简称"UNEP"）公布的《全球环境展望5》（*Global Environment Outlook* 5）指出，每年有70万人死于因臭氧导致的呼吸系统疾病，有近200万的过早死亡病例与颗粒物污染有关。《美国科学院院报》❷也发表研究报告称，人类的平均寿命很可能因空气污染缩短

❶ 拉德是辐射吸收剂量的专用单位，符号为rad。

❷ 《美国科学院院报》（Proceedings of the National Academy of Sciences of the United States of America，简称"PNAS"）于1914年创刊，主要提供高水平的前沿研究报告、学术评论、学科回顾及前瞻、学术论文以及美国国家科学学会的学术动态。《美国科学院院报》在SCI综合科学类期刊中排名第三位，已成为全球科研人员不可缺少的科研资料。

了五年半。

能吸收大气中PM$_{2.5}$，阻滞尘埃和吸收有害气体，减轻空气污染的植物被称为PM$_{2.5}$植物。这些植物具有三个特征：

第一，植物的叶片粗糙，或有褶皱，或有毛，或附着蜡质，或分泌黏液，可吸滞粉尘；

第二，能吸收和转化有毒物质，吸附空气中的硫、铅等金属和非金属；

第三，植物叶片的蒸腾作用增大了空气的湿度，使尘土不容易漂浮。

下面将简要列举几种吸滞粉尘能力强的园林树种。

①北方地区：刺槐、沙枣、国槐、白榆、刺楸、核桃、毛白杨、构树、板栗、臭椿、侧柏、华山松、木槿、大叶黄杨、紫薇等。

②中部地区：白榆、朴树、梧桐、悬铃木、女贞、重阳木、广玉兰、三角枫、桑树、夹竹桃等。

③南方地区：构树、桑树、鸡蛋花、刺桐、羽叶垂花树、苦楝、黄葛榕、高山榕、桂花、月季、夹竹桃、珊瑚兰等。

5. 杀菌

绿叶植物大多能分泌出一种杀灭细菌、病毒、真菌的挥发性物质，如侧柏、柏木、圆柏、欧洲松、铅笔松、杉松、雪松、柳杉、黄栌、盐肤木、锦熟黄杨、尖叶冬青、大叶黄杨、桂香柳、胡桃、黑胡桃、月桂、欧洲七叶树、合欢、树锦鸡儿、刺槐、槐、紫薇、广玉兰、木槿、大叶桉、蓝桉、柠檬桉、茉莉、女贞、日本女贞、洋丁香、悬铃木、石榴、枣、水枸子、枇杷、石楠、狭叶火棘、麻叶绣球、银白杨、钻天杨、垂柳、栾树、臭椿以及蔷薇属植物等都会分泌这种挥发性物质。

除此之外，芳香植物大多也具有杀菌的效能，如晚香玉、除虫菊、野菊花、紫茉莉、柠檬、紫薇、茉莉、兰花、丁香、苍术、薄荷等。

（二）改善空间环境

1. 利用植物创造空间

与建筑材料构成室内空间一样，户外植物在空间构成上往往充当着地面、天花板、围墙、门窗等角色，其空间功能主要表现在空间围合、分隔和界定等方面，具体见表4-1。

表 4-1　植物景观的空间功能

植物类型		空间元素	空间类型	举例
乔木	树冠茂密	屋顶	利用茂密的树冠构成顶面覆盖。树冠越茂密，顶面的封闭感就越强	高大乔木构成封闭的顶面，创造舒适凉爽的林下休闲空间
	分枝点高	栏杆	利用树干形成立面上的围合，但此空间是通透的或半通透的空间。树木栽植越密，围合感就越强	分枝点较高的乔木在立面上能够暗示空间的边界，但不能完全阻隔视线
				在道路两侧栽培银杏等乔木，在界定空间的同时又能保证视线通透
	分枝点低	墙体	利用植物冠丛形成立面上的围合，围合程度与植物种类、栽植密度有关	常绿植物通过遮挡视线形成围合空间
灌木	高度没有超过人的视线	矮墙	利用低矮灌木形成空间边界，但由于视线仍然通透，相邻两个空间仍然相互连通，无法形成封闭的效果	用低矮灌木界定空间，但无法形成封闭空间
	高度超过人的视线	墙体	利用高大灌木或者修剪的高篱形成封闭的空间	用高大灌木阻挡视线，形成空间的围合
草坪、地坡		地面	利用质地的变化暗示空间范围	尽管在立面上没有具体的界定，但是草坪与地坡之间的交界线暗示了空间的界线，预示了空间的转变

2. 利用植物组织空间

在景观规划设计中，除了利用植物组合创造一系列不同的空间之外，有时还需要利用植物进行空间承接和过渡，即使植物如同建筑中的门、窗、墙体一样，为人们创造一个个"房间"，并引导人们在其中穿行。

第四节 景观规划设计审美的多元化

随着社会的发展以及人们生活环境和文化观念的转变，现代景观规划设计审美在众多因素，如传统农耕文化、现代工业文明、生态文明等的影响下，越来越趋向于多元化，导致景观规划设计形式的多样化与复杂性逐渐增强。

然而，这也导致我国景观空间的审美出现如下矛盾：在传统农耕文化的影响下，人们对景观空间的审美趋向于质朴、平实；中国历代文人的审美意味、精神诉求决定了人们追求景观空间的意境表达，趋向于内敛、空灵的审美，但是，科技、信息化和工业化的快速发展以及繁忙的社会化活动，使人们渐渐无暇顾及传统的审美方式，进而导致城市景观千篇一律。在此背景下，多元化审美成为现代景观规划设计和现代审美的必然要求和趋势。

一、景观规划设计的美学特点分析

（一）景观规划设计的价值体现和美学特点

1. 景观规划设计的价值体现

景观规划设计的价值体现在不同的领域、不同的人群中。例如，在地质学家看来，景观规划设计更像是一种科学活动，是人类改造和烘托自然的现代化手段。在艺术家心中，景观的价值更多地体现在思想的表达上，其思想内涵大于实际用途。在生态学家看来，景观设计是一个人为的环境系统，是人与自然融合的过程，是人类改造居住区的一种方式。在普通人的眼中，景观设计的目的是让人们生活得更舒适。为了使城市更加美观而建设的城市公园，华美、古典、旖旎的小区环境，都是景观设计价值的体现。

景观设计更多是为大部分普通人服务的，所以对于景观设计的价值功能更为广泛的定义是"在视觉上具有画面感，并且能在某一视点上可以全览景象，也少不了使用功能"。景观美学在不同的人眼中也有不同的理解。景观的价值不仅要体现对于公众的服务性，还要兼顾美学性。

　　2. 景观规划设计的美学特点

　　不同景观规划设计师对景观美学的理解不同，表现出的效果也不同；即使是对于同一场景，不同人也有不同的定义和审美。景观既是对自然的向往，也是对聚集场所的改造。景观不仅展现了美，也传达了人们的视觉、价值观和对历史文化的弘扬。现代城市中的景观规划设计大多体现在城市空间环境中，其中有许多都具有独特的艺术形式，也成了城市的名片和标签。它们是地域特色的表现，具有完整的景观系统。它们与空间形成一种无序感，给人留下了深刻的印象。

　　无论是中国的风景还是西方的风景，都有自己的民族特色。西欧景观形态具有优雅的魅力，是现代文明的起点；中国有着悠久的历史和文化遗产，有许多元素都可以代表中国文化，如松、鹤、牡丹、莲花、宫殿、竹和梅。然而，单纯利用传统符号来表达传统的内涵是抽象的，容易造成景观"沉稳而不活泼"。因此，在当代景观规划设计中，出现了"新中式"景观规划设计风格。这种"新中式"景观规划设计思维是传统文化与现代文明相结合的一种流行趋势，它既包含了传统元素，又体现了新时代的特点。

（二）景观中的美学思辨

　　景观中的美学涉及自然美学、艺术美学。

1. 景观中的自然美学

　　景观中的自然美符合中国人的传统思想理念。中国自古就有"中庸""天人合一""万物归一"等思想观念，这种思想上的意象可以转化成为人们对于眼前景色的联想和延伸。由此可见，美的感觉也就是人们的意象世界。

　　自然美在欧洲被分为三个层次，即原生山水、耕种田园、园林景观。原生山水自然被认为是造物主的杰作，田园是人们用自己的双手去改造生活的杰作，园林景观则纯粹是人们追求美的一种向往，它不具有经济意义，但可以丰富人们的精神世界。

2. 景观中的艺术美学

艺术美学是人们创造的一种人工场景，它可以通过设计师的思想转化为作品。因此，艺术美必须具有特定的形象，这个形象主要来自人们的生活、想象和对未来的憧憬。艺术美学是新鲜和生动的，我们从中可以看到现实的影子，但无法在现实中找到同样的副本。艺术美学更注重个性和深刻意义，是主观的，不同的人有不同的审美，不同的人在相同的空间和时间的情感变化是不一样的。

艺术美与自然美的结合是中国古典园林最完美的体现。古典园林将许多自然美景"移植"到人工园林中，讲究的是不对称的结构，看似无序，实际上是按照自然美学的发展角度来创造人工美学。

（三）美学与景观规划设计的融合性应用

我国现有的景观规划设计中已经有很多经典与美学完美融合的案例，景观规划设计方向也越来越多元化。景观已经成为人们生活中的一部分，为了推进景观的美学发展，下面将进一步探讨美学与景观设计的融合性应用。

1. 美学是景观规划设计的基础性指导

在景观规划设计的初始阶段，景观规划设计师首先需要厘清如何处理好当前项目中人与自然的和谐关系。从环境的角度来看，景观规划设计师应该尊重自然生态，建立人与自然和谐统一的关系，既要强调自然的主体性，又要兼顾人的自然性。例如，在城市景观公园中，地理条件、水文气候都是自然形成的主体，因此需要进行"顺势而为"的设计，让更多的自然景观得以保留；同时，要考虑到人是服务对象，人们在游览公园时，主要感受的是自然景观的氛围，因此在设计过程中，应将自然美与艺术美有效地结合起来，使艺术美烘托自然美，自然美反哺艺术美。

此外，当我们按照这样的理念设计公园等项目时，还可以有效节约成本。将自然美学与经济挂钩，可以极大地增强景观规划设计的优越性，促进城市景观的良性发展。

2. 有效提升景观规划设计的美学合理性

在景观规划设计的实践应用中，要使作品更具适用性，就要针对不同的景观项目探索其中的美学合理性。

第一，在自然美学中，应该遵循环境与自然的统一概念，这两者是互补的，是不可分割的。自然环境不可能在短时间内形成，而是通过多年演变和不同客观因素的共同积累形成的。同时，自然环境的发展有其独特的规律，在景观规划设计中应尽量保留原有的自然景观，保证生态系统的完整，不能轻易大兴土木，对环境造成破坏。

第二，考虑人类环境。人类的发展史不仅是人类祖先留下的痕迹，更是宝贵的精神遗产。因此，在景观规划设计中要充分保护人文景观的完整性。如果有必要，还可以在景观中加入人文历史宣传，最大限度地突出人文主题，使之成为景观中的亮点，成为人们可以参观的落脚点。

第三，明确主要对象，景观设计的主要目的是为人们提供休闲娱乐的场所，面向的服务对象是人。因此，应将美学融入服务，以人为主要的设计出发点。例如，在考虑舒适性的前提下，让人的视野可以"移步换景"，即每种映入眼帘的景色都不会让人产生重复感，以避免审美疲劳，充分满足人们的审美需求。

第四，美学在景观中要有整体性。一个大尺度的景观将被划分成许多小单元，各单元相对独立，但总体上属于大型景观的结构构成。在景观规划设计的过程中要考虑美学的统一性，使每个单元之间有一定的联系。

第五，美学的长效性。景观既要为人所用，也要为自然所用。从当前城市发展的角度来看，生态平衡和绿色环保是未来城市发展的必然趋势。景观规划设计在美学上拓展空间外延的同时，也要符合社会发展的规律，对可持续发展进行不断深入的研究。

3. 利用美学完善景观规划设计细节

很多设计师在景观规划设计的过程中都有很好的整体控制，但对细节的控制则不完美。然而，细节往往决定着景观规划设计的成败，细节也能体现出景观设计师严谨的思维方式和思路。

景观工程中有很多公共空间，很多造型都会在公共空间中进行。在公共空间中，艺术可以在比较大的审美主体的设计模式中被放在显眼的位置，衬托出景观的主要理念，能让人在一个吸引眼球的空间里知道景观规划设计师想要传达的意思。在单元划分上，可以在景观的中间部分设计一些餐饮或活动设备区，不仅可以为人们提供休息、补充能量的地方，也可以为经常光顾的人们提供锻炼和放松的地方。

此外，景观中还可以增加一些"曲径通幽"的交通道路。现代人的生活和工作压力比较大，需要一个能让时间"慢"下来的地方，享受安静的休闲时光。这类道路上应该有专门的防滑设计，以免雨雪打滑给游客造成伤害。在整体美学方面，应加强体现景观精神的细节。比如，中国园林可以表现民间元素，现代园林应该有丰富的艺术造型。通过将点和线连接成平面，可以使游客感受到美的意义。

二、传统与外来美学观念影响下的现代景观

在当前文化多元化、生活方式多样化的社会环境下，由于生活方式和生活环境的变化，各种审美观念频繁地发生冲突和碰撞，景观规划设计中单一美学观念占据绝对主导地位，完全支配景观规划设计价值取向的情景已不复存在，当前的景观规划设计正从追求单纯的视觉审美转向获取更多方面的认同与满足更多人的需求，景观规划设计中的美学倾向也因此呈现出明显的多元化特征。

（一）外来美学观念的强烈影响

我国现代景观的发展始终是处于西方设计文化的强烈影响之下，尤其是20世纪末，随着中国和西方各国在文化领域交流的深入，中外景观的交流日趋频繁，我国景观界的学术思想也逐渐活跃，并表现出对外国

现代景观理论和经验的浓厚兴趣。在国外美学的强烈影响下，我国景观规划设计在思想和实践上都呈现出新的特点。

例如，西方后工业景观中的美学思想和设计手法在广东省中山市的岐江公园中得到了体现，因为其设计师受到了美国西雅图煤气厂公园和英国伊斯堡风景公园的影响；上海徐家汇公园诠释了历史文脉主义的美学观念，使用了大量隐喻、象征的手法表达对场地文脉的理解，并通过挖掘基地中的历史人文文脉的发展，使上海徐家汇公园成为记录并展示场地历史演化过程的信息库。

西方现代景观美学观念对我国当前的景观美学产生了强烈的冲击和影响，给我国景观规划设计师带来了一个全新的设计视角。面对西方强大的设计文化，中国的景观规划设计师们从之前盲目引进到目前冷静思考和认真研究，其景观创作的审美观念正逐渐趋于理性。

（二）传统园林文化与现代景观的矛盾

与国外设计美学的强烈影响相比，中国现代园林在继承和发展传统园林文化方面仍存在许多问题。由于现代生活方式和景观功能需求的变化，景观美学的价值取向发生了很大的变化。传统园林的审美理念和写意难以与现代城市环境相适应，许多景观规划设计师对我国传统园林的价值认识都不足。在快速的城市化和庞大的建筑带来的浮躁的设计氛围中，甚至可以听到对传统园林的嘲笑和极端的全盘否定。需要强调的是，提倡传承传统，不是忽视社会的进步和科技的发展，一味地模仿过去，而是根据现代生活的需要，将传统园林的精髓融入当前的设计。

在传统景观规划设计语言的现代化方面有许多成功的例子。例如，浙江省温州市的谢灵运公园（图4-6）就体现了传统审美文化的延续。公园的整体结构仍然遵循传统的景观格局，三大主山和周边水系构成了控制性的景观结构，映衬山体的水流和溪涧构成的蜿蜒曲折的水面诠释了传统园林的精神。池中的岛山、景观构筑形式"台"以及一些视觉引导手法都来源于中国古典园林，其余的景观平台、瀑布、系列广场等都是常见的现代设计词汇。谢灵运公园的整体设计风格是在现代城市生活的背景下对传统的诠释和新的探索。

图 4-6 浙江省温州市谢灵运公园

三、审美融入景观规划设计

将审美融入景观规划设计，能够提升景观的观赏性、文化性乃至生态性。以植物为例，植物美学观赏功能（即植物美学特性）的具体展示和应用，主要表现在利用植物美化环境、构成主景、形成障景等方面。

（一）主景

植物本身就是一道风景，尤其是一些形状奇特、色彩丰富的植物，更会引起人们的注意，如城市街道一侧的羊蹄甲便成为城市街景中的"明星"。但是，并非只有高大的乔木才具有这种功能，每种植物都拥有这样的"潜质"，关键在于景观规划设计师是否能够发现并加以合理利用。例如，在草坪中，一株花满枝头的紫薇会成为视觉焦点；一株低矮的红枫在绿色背景下会让人眼前一亮；在阴暗角落，几株玉簪会令人赏心悦目。也就是说，作为主景的，既可以是单株植物，也可以是一组植物。

此外，主景还可以以造型取胜，以叶色、花色等夺人眼球，以数量形成视觉冲击性等。

（二）障景与引景

古典园林讲究"山穷水尽、柳暗花明"。通过障景，可以使游人的视线无法通达；而利用人的好奇心，引导游人继续前行，探究屏障之后的景物，便是引景。事实上，要想达到引景的效果，就需要借助障景的手法，两者密不可分。例如，在道路转弯处栽植一株花灌木，一方面，遮挡了路人的视线，使其无法通视，增加了景观的神秘感，丰富了景观层次；另一方面，这株花灌木也成为视觉的焦点，吸引游人前行。

在景观创造的过程中，尽管植物往往同时具备障景与引景的作用，但面对不同的状况，某一功能可能会成为主导，因而所选植物也会有所不同。如果游人视线所及之处景观效果不佳，或者有不希望游人看到的物体，那么在这个方向上栽植的植物主要承担着"屏障"的作用。例如，某企业庭院紧邻城市主干道，外围有立交桥、高压电线等设施，景观效果不是太好，因此在这一方向栽植高大的松柏作为障景，能够阻挡视线。

引景一般选择枝叶茂密、阻隔作用较好以及"拒人于千里之外"的植物，如一些常绿针叶植物云杉、桧柏、侧柏等。例如，某些景观隐匿于园林深处，此时的引景就十分重要，既不能挡得太死，又要体现出一种"犹抱琵琶半遮面"的感觉，因此应该选择枝叶相对稀疏、观赏价值较高的植物，如油松、银杏、栾树、红枫等。

第五节　景观规划设计艺术与风格的多元化

中国是一个文明古国，景观文化是中国传统文化的重要组成部分。随着经济、文化的发展和交流，人们对文化的需求越来越多元化，促进了景观文化的多元化以及景观规划设计的艺术与风格的多元化。

一、形式的多元化

如今，多种文化思潮与艺术形式都在影响着景观规划设计的风格，如折中主义、结构主义、历史主义、生态主义、极简主义、波普艺术❶、解构主义❷等。在各种艺术与思潮多元并存的今天，景观规划设计呈现出前所未有的多元化与自由性特征，各种形式、风格的景观冲击着人们的眼球，营造着兼具随机性与偶然性的景观效果。下面将简述几种不同形式的景观。

（一）折中主义景观

折中主义没有独立的见解和固定的立场，对事物的相互关系也不是从具体发展过程中进行全面而辩证的分析，而是一种将矛盾双方不分主次地并列起来，把根本对立的观点和理论无原则地、机械地混同起来的思想和方法，也是形而上学思维方式的一种表现形式。在哲学上，折中主义者企图把唯物主义和唯心主义混合起来，建立一种超乎两者之上的哲学体系。折中主义在建筑、宗教、心理等领域应用广泛。

建筑领域的折中主义风格是兴起于19世纪上半叶的一种创作思潮，于19世纪末20世纪初在欧美盛行一时。折中主义为了弥补古典主义与浪漫主义在建筑上的局限性，任意模仿历史上的各种风格，或自由组合各种样式，因此也被称为"集仿主义"。折中主义之所以流行，是因为它对所有建筑风格都采取不排斥的态度，人们可以从它身上看到古典主义、文艺复兴、巴洛克甚至新艺术运动的形式。景观上的折中主义不是纯粹的中式与欧式的混合，抑或自然式与规则式的交杂，而是一种变化了的集仿主义，是在考虑基地现状的基础上将多种风格的景观要素及设计手法进行糅合、提炼的设计方法。

---

❶ 波普艺术，一种主要源于商业美术形式的艺术风格，其特点是将大众文化的一些细节，如连环画、快餐及印有商标的包装等进行放大复制。波普艺术于 20 世纪 50 年代初期萌发于英国，20 世纪 50 年代中期鼎盛于美国，20 世纪 50 年代后期在美国纽约得到了进一步发展，而此时它反对的抽象表现主义正处于最后的繁荣时期。波普艺术是新时期艺术家将商业艺术和近现代艺术联合在一起的一种表达形式。

❷ 解构主义作为一种设计风格的探索兴起于 20 世纪 80 年代，但是它的哲学渊源可以追溯到 1967 年。当时哲学家德里达（Jacque Derrida）基于对语言学中的结构主义的批判，提出了"解构主义"的理论。他的核心理论是对于结构本身的反感，认为符号本身已能够反映真实，对单独个体的研究比对整体结构的研究更重要。

（二）结构主义景观

首先，从设计背景上来说，语言符号学为结构主义的发展构建了完善的理论框架。一般来说，符号主要包含声音与思维。使用符号能够表现出一个人的文化层次，能够实现自身对社会的认识，同时在表达的基础上传递信息。其次，从含义与特征上来说，结构主义是借助符号来表示物象本身与文化的。结构主义通过将设计物体作为材质，使设计出来的东西包含传统的含义，并按照其相互之间的关系来实现有机融合。最后，从结构主义设计上来说，通过引用符号，能够赋予文化更为广泛的含义，加之设计物体自身也能够展现出一定的内涵，所以设计的具体内容可以实现对结构的分解。从这一层面来说，结构主义的特点就是在结构设计中，不同的元素有着不同的象征意义，其中也蕴含着极为深厚的意义与内涵。因此，结构主义设计强调元素的组合，同时能够创造出相应的意境，实现文化的传达。

1. 元素的搭配

园林景观规划设计的方法往往体现在园林的整体布局上，尤其是对水面的处理以及山石等的设置上。水是园林中整体布局的重点，如果没有水的参与，那么园林就会显得呆板无趣。中型园林景观在布局上主要展现出多元化的主题，对于水的处理也是比较广泛的；而在小型园林景观规划设计中，水面处理主要以"聚"为主，因为"聚"能够展现出水面的宽泛化，让人们产生游玩的兴趣。

从布局手法上来说，园林景观规划设计比较注重不同元素之间的搭配与组合。园林布局设计几乎没有单独元素成景的，而且元素之间的组合也不是简单的组合，而是比较复杂的组合，这也体现了对结构主义设计理念的运用。通过不同元素之间的组合，往往能够设计出具有不同特点的景观。

2. 意境创设

在园林景观规划设计中，独有的形式与园林建筑，能够为人们营造出充满神秘感的意境，如内廊、流水、小桥等都是极具内涵与想象意境的。此外，山石与湖泊等的组合也可以带给人们意犹未尽的感受，各个景观的不断出现也能够为人们营造出新的意境。这在一定程度上实现了结构主义设计理念的有效运用目标。

3. 文学渗透

结构主义设计比较注重不同文化与历史因素的引入。可以说，我国的古典文化与今天的园林建设之间有着极为密切的联系，不论是诗词歌赋还是书法绘画，都能够促进园林景观规划设计的发展。通过将文学、诗歌以及绘画等的意境融入园林景观设计，可以赋予园林景观全新的韵味。

（三）历史主义景观

此处以历史主义建筑为例，通过对历史主义建筑的概念及其形成的分析，介绍历史主义对景观规划设计的影响以及历史主义景观的相关内容。

1. 历史主义景观的概念

为了清晰地了解历史主义的概念，下面将对其进行表述性的分析。

①历史主义建筑与历史上既有的样式相关联。也就是说，历史主义建筑必须运用历史建筑的样式与细部进行创造。

②历史主义建筑需要设计者有丰富的理论与历史知识，能够自如地通过自己的设计，创作出具有某种历史内涵的作品。

③历史主义建筑关注风格的创造。其着眼点并不在于模仿既有的风格，而在于借助历史上的建筑式样与细部使自己的创作元素形成一种新的具有历史感的风格样式。

④历史主义建筑关注时代精神的创造。历史主义的建筑语言是通过历史式建筑话语的表达来承载创作者自己时代的精神内核，因而体现了一种时代的、民族的和文化的意志。

⑤历史主义建筑关注"细部的真实性"，因而奠基于较为严格的学术态度之上。从这一点出发，历史主义建筑将自己与肤浅的"欧陆风"建筑、"仿古"建筑严格地区别开来。

⑥历史主义建筑在形式上着意于具有可识别性的原型，并通过对原型的标准化，使建筑具有某种技术层面的体现，彰显社会及科技的进步。

⑦历史主义建筑关注地域传统，属意于自身所处的地域性特征，在建筑语言上，往往会附带有地域传统建筑的建筑语言符号。

⑧历史主义建筑倾向于通过运用符号与象征手法，赋予自己某种意义，从而向人们宣称，自己是某一民族、某一文化、某一时代或某一地域的建筑的代表。

从上述基础性的表述中，可以推测出历史主义不同于古典主义，因为它不仅仅以西方古典建筑为其创作原型；历史主义也不同于传统主义，因为它不依赖于学院派的传统，不执迷于某种正确的建筑样式与风格，只是通过恰当与正确的建筑样式与风格，表达某种设计者属意的精神或意义。

基于此，首先，可以使一些建筑潮流与现代建筑中的历史主义倾向发生关联。比如，20世纪80年代在西方兴起的后现代主义建筑就可以归在历史主义的范畴之下。后现代主义建筑师既不着意于古典建筑风格的再现，也不执着于传统建筑样式与风格的沿用，而是运用传统建筑的符号语言在建筑作品中述说自己的话。从时代精神创造的角度出发可以看出，厌倦了现代主义刻板的传统与枯燥的千篇一律的"国际式""方盒子"的西方后现代主义建筑师，正是以一种特殊的方式表达了自己当时的心境。其次，可以将中国20世纪50年代的民族形式建筑归在历史主义的范畴之下，因为那个时代饱受西方文化挤压的中国建筑师，将中国古代建筑营造的严谨的法式与则例等作为自己的设计基础，以准确的传统建筑样式表现了一种新颖的、独创的，既是现代的，又是民族的新的建筑样式，在一定程度上表现了一个新时代的新风格。这些建筑师运用自己的智慧，以其深厚的设计功力、严谨的学术态度，将中国传统建筑样式与细部和外来的西方现代建筑的结构与形式加以准确、巧妙而恰当的结合，创造了迥异于当时西方建筑潮流的，既具有浓郁中国地域传统，又能够体现20世纪50年代中国人鲜明精神风貌的建筑风格，表达出了中华民族自立于世界民族之林的声音。然而,令人惋惜的是,这些具有现代精神的历史主义建筑的创造在萌芽与探索的阶段,就被当时特殊的政治与社会大潮湮灭了。最后,可以将印度建筑大师查尔斯·柯里亚(Charles Correa)的极富印度传统风韵的现代建筑创作纳入历史主义的范畴。柯里亚运用的是现代建筑的结构与空间手法,以印度历史建筑的样式与细部为平面构图与建筑造型语言,创造出了极富印度文化底蕴的建筑。这既表达了现代印度的时代精神,也蕴含着印度民族的地域性文化意义。虽然我们可以将之归为地域主义的建筑,但是从一般性概念来看,这无疑也可以归在历史主义的建筑范畴之下。

现代建筑大师贝聿铭在后期创作中,以其深厚的东方文化的底蕴与现代建筑的功力,创造了一些极具东方建筑意味的现代建筑,如中国的北京香山饭店、苏州博物馆及日本的美秀美术馆等。这些作品都是恰当地运用了中国或日本的历史建筑符号,表达了一种颇具东方意蕴的现代建筑,具有特立独行的特点。这些建筑中并没有任何模仿中国或日本传统建筑的痕迹,却具有浓郁的中国或日本文化的意义与象征性表达。

2. 历史主义景观的形成

19世纪末20世纪初,西方建筑正处于"现代主义"的进程中,在这个历史时期中,出现了很多新的建筑理念、建筑形态和建筑风格。在众多的建筑风格运动中,密斯·凡·德·罗(Mies van der Rohe)❶是现代主义建筑设计的改革先驱和国际主义风格的奠基人之一;而菲利普·约翰逊(Philip Johnson)❷在二十世纪四五十年代曾是密斯忠实的追随者,

---

❶ 密斯于1886年生于德国亚琛,原名玛丽亚·路德维希·密夏埃尔·密斯(Maria Ludwig Michael Mies),建立自己的实验室之后便更名为密斯·凡·德·罗,凡·德·罗是他母亲的姓。密斯·凡·德·罗是同弗兰克·劳埃德·赖特(Frank Lloyd Wright)、勒·柯布西耶(Le Corbusier)齐名的著名建筑师之一。

❷ 菲利普·约翰逊于1979年首次获得普利兹克建筑奖时,评审团是这样描述他的:"他的作品自始至终都在为人类和环境做贡献,他作为一个评论家和历史学家,提倡现代建筑,并且设计出了一些伟大的建筑。"1979年以后,约翰逊几乎完全重新定义了他的风格,为他的建筑世界增添了浓重的一笔。

他在康涅狄克州纽坎南兴建的"玻璃住宅"使他声名大噪，这也是体现密斯"少就是多"的精神的典型案例。但是，当约翰逊与密斯合作设计位于美国纽约的西格拉姆大厦的时候，他却开始走向另一种方向。密斯的建筑哲学强调"少就是多""建筑的统一性""结构的诚实性"的设计原则，这在当时主流的设计思想中是较为推崇的；而当约翰逊与密斯合作设计西格拉姆大楼时，约翰逊开始对密斯过于统一、刻板的设计风格产生了怀疑，并开始厌恶高层办公楼这一"乏味的建筑类型"，希望突破这个局限，发展建筑的丰富面貌。

20世纪50年代末60年代初，约翰逊的活动中心已转移到对现代主义的怀疑和否定，并确立了自己称为"历史主义"的原则。这一时期他的作品风格多变，他希望在广博精深的历史中吸取养分，以滋润现代主义建筑。他提倡的"新古典主义"便反映了继承传统的态度。他认为古典的形式仅可以作为一种设计概念和气氛而加以撷取运用，而不是可以照搬的图式和构件。他还多次表示"我们不能不懂历史"，并强调"历史是一种广阔的、有用的教养""要是我手边没有历史，我就不能进行设计"。在20世纪60年代，约翰逊建造的摩天大楼均呈现出受历史先例影响的痕迹。

（四）生态主义景观

1863年，美国风景园林之父弗雷德里克·劳·奥姆斯特德（Frederick Law Olmsted）设计建成了纽约中央公园，并提出"景观规划设计学"这一概念，使人们从追求享受转向追求生活环境。1939年，德国地理学家卡尔·特罗尔（Carl Troll）提出了"景观生态学"，运用生态系统原理和生态系统方法来研究人与自然的关系，为生态主义设计奠定了理论基础。1969年，伊恩·伦诺克斯·麦克哈格（Ian Lennox McHarg）出版了《设计结合自然》这一具里程碑意义的著作，提出了因子分层和地图叠加，并首次提出了"地域生态规划"这一理念，将景观规划设计提升了一大步。

生态主义以生态学原理为理论指导，将可持续发展作为景观规划设计的必由之路，并将文化内涵与艺术融入景观。这不仅是简单地满足人们对环境的基本需求，也是将生态主义上升到了保护生态平衡、改善整个人类的生态环境系统的一个新高度。

1. 生态主义景观规划设计的设计理念

麦克哈格说："自然是最好的园林设计师。"例如，西方生态主义景观规划设计，尤其是18世纪的英国风景园，都具有自然式种植的树林、开阔的草地、蜿蜒的小路，风景如画。19世纪奥姆斯特德的生态思想的提出，使得充满人情味的大学校园和郊区、绿荫大道、城市中心大片绿地以及国家公园体系应运而生。

生态主义景观规划设计是生态设计的重要组成部分，着重强调以自然为本的生态主义理念。生态景观规划设计的设计理念是将以人为本转变为以自然为导向，在人与自然之间找到平衡点。自然环境是人类生活的地方，景观是人类文明的产物，景观规划设计就像一个纽带，使人与自然环境紧密相连。生态主义景观规划设计不能被认为是完全由自然景观产生的，没有任何人为参与，因为设计师是协调人类活动过程与生态发展过程的有效因素，能够尽可能地减少人类对环境造成的损害。

2. 生态主义景观规划设计的原则

（1）尊重自然

在自然系统中，所有部分都是互相关联的，生态系统与人类的命运也是密切相关的。可以说，对自然的破坏也就是对自己的伤害，对自然的不尊重本质上也是对自己的不尊重。因此，生态主义景观规划设计首先要尊重自然。具体而言，要根据基地的自然条件，合理地利用地形、土壤、植物等自然资源，尽可能地降低或减少人类对场地的破坏，并通过科学的、环保的方式促进生态环境循环和自我新陈代谢，增加生物多样性；充分利用自然自身的降解能力和循环能力，建立和发展自然、良性的生态循环体系。

（2）以科学为指导

科技是第一生产力，科学技术的发展推动着社会的前进，也推动着生态景观主义的发展。因此，生态主义景观规划设计要充分利用现代科学技术，加大对利用高科技生产的可重复利用的环保材料的投入，并通过科技的手段提高土壤分解能力，恢复土地的生命力，利用科学技术来设计更具生态性的景观作品。

（3）与艺术相结合

生态主义景观规划设计是一门综合性的科学体系。从艺术的角度来看，一件好的作品不仅能满足人们的使用需求，还能满足人们的视觉观赏需求。好的生态景观作品应将景观与现代艺术结合起来，并加以循环利用，结合艺术的审美要求，来展现艺术美感和生态性。

（五）极简主义景观

19世纪中叶以来，在绘画、雕塑、建筑等领域的现代艺术思潮影响下，以美国为代表的西方城市公园设计活动开始兴起。在长期地探索和不断地革新中，具有现代意义的景观规划设计活动开始趋向成熟。在此背景下，涌现出了一批富有热情和想象力的景观规划设计师，他们结合生态进行规划设计，使景观从简单的私家庭院扩展到城市的公共开放空间，并进行了多种尝试，大胆创新，进行了多方位的探索，开创了景观规划设计的新局面。20世纪90年代，景观规划设计的发展达到高潮，多个景观规划设计风格流派争相涌现；同时，传统园林设计的服务对象也从原来的皇家贵族转移到为大众服务，以民主的形象替代了传统园林巨大的纪念性和极端权力的表现，为现代公共景观的规划设计奠定了基础。

进入20世纪后，现代景观的语言、内容和表现形式都发生了极大的变化，各个风格流派都先后形成了独特的设计思想，如极简主义（Minimalism）、立体主义（Cubism）、表现主义、超现实主义（Surrealism）、构成主义（Constructivism）等现代艺术流派。

随着科学技术和工业化的迅速发展，文化越来越多元，人们的世界观、价值观、审美观也在不断地发生变化，开始从追求奢侈华丽、铺张浪费转变为追求简洁、朴素和自然的生活方式。在此背景下，极简主义应运而生，影响着当下人们对审美和文化追求。例如，从单纯地追求形式构图之美,转变为追求集功能性、科学性、艺术化、多目标的审美眼光于一体的景观规划设计。如今,极简主义越来越受到关注。为了适应节约型、生态型的良性社会发展要求,极简主义在景观规划设计行业不断盛行和发展。

二、多种艺术形式影响下的景观规划设计风格

(一)中式风格、西亚风格与欧洲风格

中式风格园林可以细分成北方园林、巴蜀园林、江南园林和岭南园林。中式园林的设计理念是接近自然,以亭台参差、廊房婉转为陪衬,以假山、流水、翠竹等设计元素体现独特风格。

西亚风格园林特点是以"绿洲"为模拟对象,把几何概念运用到设计中。西亚风格的园林设计以树木和水池为设计元素,水渠和水池的形状方正规则,房屋和树木按几何规则加以安排。其中,伊斯兰风格园林建筑雕饰精致,几何图案和色彩纹样丰富,明暗对比强烈,对现代景观规划设计影响深远。

欧洲园林突出线条的设计,使用修建、搭配等手法塑造深沉内向的大森林气质。其中,英国园林强调自然,严格按照风景画的构图进行园林设计,将建筑作为风景的点缀。这些手法常常被现代园林设计承接和使用。

(二)现代主义影响下的景观规划设计风格

现代艺术蓬勃发展,多种艺术流派和风格层出不穷,审美观念和艺术语言实现了极大的拓展。景观规划设计也紧跟现代主义的步伐,在设计中不断借鉴和吸取经验。

(三)生态主义影响下的景观规划设计风格

生态景观规划设计理念是现代景观规划设计的发展趋势,提高景观生态化可以提高城市居民的生活质量。生态主义影响下的景观规划设计注重植物植被的生态群建设,追求"四季有景"等景观效果以及合理、科学的植物生态群落搭配,使不同的群落之间互相补充、互相协调,达

到共同生长的状态。

生态主义影响下的景观规划设计注重对动物、微生物等要素的设计。例如，通过生态景观规划设计加强对城市中鸟类的保护，让景观区域成为鸟类栖息的环境；将落叶纳入设计，因为经常清扫落叶会阻碍微生物的繁衍，破坏微生物对植物的保护；将垃圾当成资源来利用，避免病毒的产生。

以辽宁省沈阳市的浑河湿地公园为例，设计师站在保育城市空间和浑河流域生态环境的角度制定景观设计规划，以"边界共生"为主题（即使城市空间的生长边界和自然环境边界共生共存），并以恢复湿地特征为出发点，通过合理的保护和利用，形成了集保护、科普、休闲等功能于一体的公园。该公园能供人们欣赏、游览和开展科普教育，进行科学文化活动，并且有较高保护、观赏、文化和科学价值，能够保护湿地功能和生物多样性，实现人居环境与自然环境的协调发展。

（四）后现代主义影响下的景观规划设计风格

后现代主义的产生打破了传统，让艺术从神坛走向生活，创造出了一种全新的思维方式，具有媒介多变、文化观念多样等特征。在后现代主义影响下的景观规划设计作品给人留下了深刻的印象，因为其反对现代景观规划设计中强调的功能、理性和严谨。随着后现代主义设计的发展，景观规划设计也逐渐变得更加多元化。

苏格兰宇宙思考花园就是一个典型的受后现代主义影响的景观规划设计。其设计灵感源自科学和数学，设计师查尔斯·詹克斯（Charles Jecks）❶充分利用了地形来表现主题，如黑洞、分形宇宙等。詹克斯是当代有名的艺术理论家、作家和园林设计师，他站在艺术界的风口浪尖上，最先提出和阐述了后现代建筑的概念并将这一理论扩展到整个艺术界，具有广泛而深远的影响，为后现代艺术开辟了新的空间。

---

❶ 查尔斯·詹克斯是第一个将后现代主义引入设计领域的美国建筑评论家，是当代重要的艺术理论家、作家和园林设计师。詹克斯始终都站在建筑界乃至整个艺术界的风口浪尖上，引领后现代理论和现代主义进行论辩。

第五章　景观规划设计新思潮及其案例分析

伴随着景观规划设计行业的不断发展，各种类型的景观规划设计层出不穷。本章将主要分析景观都市主义、低碳观念和后现代主义视角下的景观规划设计新思潮。

第一节　景观都市主义设计与案例分析

景观都市主义将整个城市理解成一个完整的生态体系，通过景观基础设施的建设来完善城市的生态系统，同时将城市基础设施的功能与其社会文化需要结合起来，使城市得以建造和延展。该理论强调景观是决定城市形态和城市体验的最基本要素。

一、景观都市主义的概念

"景观都市主义"最早是由查尔斯·瓦尔德海姆（Charles Waldheim）❶

---

❶ 查尔斯·瓦尔德海姆（Charles Waldheim）是一位加拿大美裔建筑师和城市规划师，其研究主要考察景观、生态和现代城镇化之间的关系。他也是一名作家，编辑或合著了各种主题的书籍。他的著作被译为多种语言，在多个国家出版发行。2009—2015年，瓦尔德海姆在哈佛大学设计学院任职。瓦尔海德姆是罗马美国学院罗马奖学金、加拿大建筑研究中心研究学者奖学金、密歇根大学桑德斯奖学金的获得者。

教授提出的。他在《参考宣言》（*Reference Manifesto*）一文中提出："景观都市主义描述了当代城市化进程中一种对现有秩序重新整合的途径，在此过程中景观取代建筑成为城市建设的最基本要素。在很多时候，景观已变成了当代城市，尤其是北美城市复兴的透视窗口和城市重建的重要媒介。"

景观都市主义的概念是在当时的规划设计理论无法适应时代发展的条件下出现的，是一种全新的思路和语言。在景观都市主义出现之前，以建筑基础设施为先的城市发展策略带来了诸多问题，如高密度的建筑群给城市居民带来了巨大的压力，人们的内心迫切需要压力的释放。在景观都市主义出现后，景观作为一个简单易行甚至相对于建筑较为廉价的方法出现在人们的视野里，并很快被付诸实践。

大量景观规划设计作品的出现与实际建成，改变了城市在人们心目中留下的灰暗、肮脏、充满暴力的印象，使城市的角落变成了干净、健康、能释放城市居民活力的场所。通过这个视角，人们重新认识到城市的价值和希望，并进一步将这个理论运用到快速发展的城市开发背景中，在改变城市口碑的同时，引入了绿色可持续发展产业，增加城市居民的就业机会，促进了当地经济的发展，这一点在当前经济快速发展的大环境下显得尤为重要。

二、景观都市主义的内涵

景观都市主义把建筑和基础设施看成景观的一种延续发展，更强调景观，不认为建筑能决定城市的形态与体验。这一观点是对景观及景观规划设计学的再次发现，把景观学科从幕后推到幕前。

景观都市主义这一理论是一些建筑师与具有建筑背景的景观规划设计师共同推行的，从诞生之时就引起了学术界激烈的争论。查尔斯·瓦尔德海姆主编的《景观都市主义读本》（*The Landscape Urbanism Reader*）标志着这一新兴领域有了自己的思潮。目前，建筑联盟学院❶已经开设了景观都市主义的硕士研究学位；美国宾夕法尼亚大学景观系主任詹姆斯·科纳（James Corner）也因其倡导的景观都市主义和景观都市主义相关的设计作品成为在国际上享有盛誉的景观规划设计师。

三、景观都市主义面临的问题

从19世纪80年代的绿色城市化理论到20世纪70年代的规划限制理论，再到今天的景观都市主义，它们都是以公共空间为出发点，而不是以建筑本身为出发点。景观都市主义需要摆脱"小规模是设计，大规模是规划"的偏见，不局限于规划或设计。景观都市主义面临的另一个重要问题是景观规划设计师如何对待自然。自然需要设计，也需要规划，因此，景观规划设计师对待自然的态度至关重要。

目前国内部分城市一些街区中的景观面临一定的问题，如新老街区景观差异较大、街区景观缺乏人本尺度等。这些问题与大众的生活息息相关，因此处理好街区中的景观问题成为亟须解决的事项。

街区是一个复杂的综合性区域，一个街区中可能包含居住区、商业区、教育区、工业区等不同的功能区域，而这些区域对于景观的需求是不同的。因此，笔者试图寻找不同街区，甚至是混合街区内不同功能单元面临的问题的共通性，以期从景观都市主义的角度分析并解决这些问题。

（一）功能性缺失

随着城市的发展和环境的变迁，部分街区的物质环境已经难以满足当下人们的需求；特别是在功能上，由于不同时间或时代人们对于物质的需求不同，再加上原本的基础设施未得到有效更新，部分街区在物理环境层面产生了一些矛盾。

---

❶ 建筑联盟学院（Architectural Association School of Architecture）是全世界最具声望与影响力的建筑学院之一，也是全球最"激进"的建筑学院，充斥着赞誉与争议，培养了一批建筑规划、景观设计领域的国际级顶尖人才。该学院特别而先进的课程和广泛开展的项目与研究使其成为全球建筑创新的中心和乐园，也确立了其在当代全球建筑文化讨论与发展的领袖地位。

（二）活力缺失

随着街区功能性的缺失，再加上当代网络的发展，部分居民对于户外的需求有了明显的下降，他们往往更愿意待在家中，而不愿意进行户外活动。这就造成街区中的人有所减少，进而导致街区丧失了一部分活力。

（三）自然肌理的破坏

在部分街区景观的规划设计过程中，过多的人工干预破坏了场地原有的自然肌理。自然肌理被破坏容易导致环境的弹性能力下降，从而引发更大的环境问题。

（四）设计的雷同

街区景观规划设计需要优化提升，但由于这些提升更多的是在相关部门的主导之下产生的，部分城市的街区景观规划设计存在雷同的状况。

四、景观都市主义的实际应用案例

如今，对景观都市主义的探索可以分为两类：一类是对未开发区域进行前沿探索性开发，如加拿大多伦多的安大略湖公园、美国孟菲斯的谢尔比农庄公园等；另一类是对已开发区域进行改造与优化提升，如法国巴黎的拉·维莱特公园❶、美国纽约的高线公园与清泉公园等都是对原有废弃场地进行景观改造而建成的。

这些案例虽然不是针对街区进行的方案设计，但是其中蕴含着景观都市主义的理念与实践方法，对街区景观规划设计具有借鉴意义。例如，在法国巴黎拉·维莱特公园的设计竞赛中，伯纳德·屈米（Bernard Tschumi）❷与雷姆·库哈斯（Rem Koolhaas）❸的方案都表现出了景观都

---

❶ 拉·维莱特公园位于法国巴黎东北部，远离城市中心，规划范围 55 公顷，其中公园绿地面积 35 公顷，是巴黎市区内较大的公园之一。

❷ 伯纳德·屈米于 1944 年出生于瑞士洛桑，1969 年毕业于苏黎世联邦工科大学。1970—1980 年在建筑联盟学院任教，1976 年在普林斯顿大学建筑城市研究所工作，1980—1983 年在库伯高等科学艺术联盟学院任教，1988—2003 年担任哥伦比亚大学规划与保护研究院院长的职务。

❸ 雷姆·库哈斯于 1944 年出生于荷兰鹿特丹，荷兰建筑师，大都会建筑事务所首席设计师，哈佛大学设计研究所建筑与城市规划学教授，早年曾做过记者和电影剧本撰稿人。

市主义，他们都力图将景观作为媒介，使其成为城市发展的基本组成部分。拉·维莱特公园被视为"巴黎最大的不连贯城区"，是对城市景观规划设计的新探索。

（一）拉·维莱特公园项目介绍

拉·维莱特公园是1987年屈米为纪念法国大革命200周年而设计的。该公园坐落在法国巴黎市中心东北部，占地55公顷，为巴黎最大的公共绿地，全年24小时免费开放。它是法国三个最适于孩子游玩的公园之一、巴黎十大最佳休闲娱乐公园之一，环境美丽而宁静，集花园、喷泉、博物馆、演出、运动、科学研究、教育于一体。拉·维莱特公园融入了生态景观规划设计理念，以独特的甚至被视为离经叛道的设计手法，为市民提供了一个宜赏、宜游、宜动、宜乐的城市自然空间。该公园由废旧的工业区、屠宰场改建而成，是城市改造的成功典范。

（二）拉·维莱特公园目标定位

拉·维莱特公园建造之初的目标定位为：一个属于21世纪的、充满魅力的、独特并且有深刻思想意义的公园。它既要满足人们身体上和精神上的需要，又成为各地游人的交流场所。

在建造拉·维莱特公园之初，由于建造公园的场地并非是一块空地，而是由三个已建成或正在建设的大型建筑和呈十字形交叉的河流组成的，这给公园的规划设计工作造成了很大的限制。如何将已有建筑融入整个公园的氛围，如何充分地利用公园中现有的优美的自然景观资源，如何打破现有的十字格局使构图更有活力等问题成为景观规划设计师们在设计时首要思考的问题。

屈米突破了传统城市园林和城市绿地观念的局限，创造了一种公园与城市完全融合的结构，改变了园林和城市分离的传统，把它们当作一个综合体来考虑。他将拉·维莱特公园设计成了无中心、无边界的开放性公园，没有围栏也没有树篱的遮挡，使整个公园完全融入了周边的城市景观，成为城市的一部分。拉·维莱特公园平面设计图如图5-1所示。

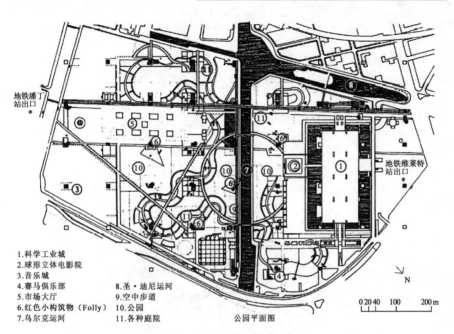

地铁潘丁
站出口
*

地铁维莱特
站出口
*

N

1.科学工业城
2.球形立体电影院
3.音乐城
4.赛马俱乐部　　8.圣·迪尼运河
5.市场大厅　　　9.空中步道
6.红色小构筑物（Folly）　10.公园
7.乌尔克运河　　11.各种庭院

公园平面图

0 20 40　100　　　　200 m

图5-1　拉·维莱特公园平面设计图

（三）拉·维莱特公园设计要点

在拉·维莱特公园中，屈米将点、线、面三种要素叠加，但它们相互之间毫无联系，各自可以单独成一系统，如图5-2所示。

三个体系中的线性体系构成了全园的交通骨架，由两条长廊、几条笔直的种有悬铃木的林荫道、中央跨越乌尔克运河的环形园路和一条被称为"电影式散步道"的流线型园路组成。东西向及南北向的两条长廊将公园的主口和园内的大型建筑物联系起来，同时强调了运河景观。长廊波浪形的顶篷使空间富有动感，打破了轴线的僵硬感。长达2 km的流线型园路蜿蜒于园中，成为联系主题花园的链条；园路的边缘还设有坐凳、照明等设施小品，两侧伴有宽度为10～30 m的种植带，以规整式的乔、灌木种植起到联系并统一全园的作用。

在"线"的体系之上重叠着"面"和"点"的体系。"点"的体系由一组呈方格网布置的、间距为120 m的"疯狂物"（Folies）构成。它们以红色金属为材料，分布在整个公园中，是三个大型公建的建筑空间

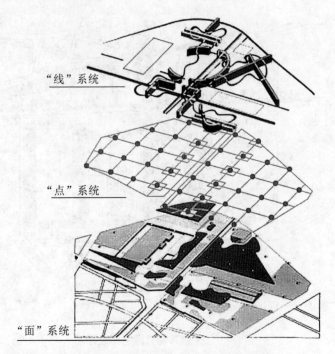

"线"系统

"点"系统

"面"系统

图 5-2 拉·维莱特公园"点线面"系统

在园林中的一种延续和拓展。这些"疯狂物"成功地将科技城、音乐厅和多功能大厅融入公园系统，形成了建筑与园林相互穿插的公园形式。这些"疯狂物"还给全园带来了明确的节奏感和韵律感，并与草地及周围的建筑物形成了十分鲜明的对比。每个"疯狂物"基本上都是在以边长为10 m的立方体构成的空间体积中进行变异的，整体上似乎一模一样，但实际上它们各自有不同的形状，功能也不一。有些"疯狂物"与公园的服务设施相结合，具有了实用的功能；有的成为供游人登高望远的观景台；有的恰好与其他建筑物落在一起，起到了强调其立面或入口的作用；有的根据人们的不同需要而提供不同的功能，具有不同功能的意义，在没有人使用的情况下还具有雕塑的作用。

"面"的体系由十个象征电影片段的主题花园和几块形状不规则的、耐践踏的草坪组成，以满足游人自由活动的需要。这十个主题花园风格各异，各自独立，毫不重复，彼此之间有很大的差异感和断裂感，充分体现了拉·维莱特公园的多样性。这十个主题花园包括镜园、恐怖童话园、风园、竹园、沙丘园、空中杂技园、龙园、藤架园、水园和少年园。其中，沙丘园、空中杂技园和龙园是专门为孩子们设计的。

五、景观都市主义对现代景观规划设计的意义

现代城市的基础条件使建造更多更为生动、流动性更强的景观以及各种各样临时性的景观成为可能，因此需要进行远景规划和预测，而不是短期规划。景观规划设计者可以采用生态规划和景观管理的方法，配合测绘等新的技术手段来改善城市景观规划设计。虽然以景观规划设计者的思维可以更有效地研究资源密集型的效用，但是它要求各专业领域之间建立合作关系，提倡先景观后建筑，优先考虑基础设施和生态景观基础设施。

景观都市主义强调景观概念在学科建设中的重要性，有助于构建景观、建筑与城市研究之间的新学科框架；在方法论领域，景观都市主义更注重当代景观概念如何提供新的认知模式和运行模式，有助于协调景观规划设计、城市设计与建筑设计的关系；在现实领域，景观都市主义面临着当代城市发展中的碎片化和流动性特征，为针对快速城市化进程中巨大的空隙和基础设施建设的研究提供了新的视角。此外，景观都市主义也开辟了一个新的知识和行动领域，这将成为未来几十年城市景观规划设计的核心问题。

第二节　低碳景观规划设计与案例分析

一、低碳景观概念

（一）低碳景观理念背景

低碳景观理念孕育于当代可持续发展思想，并随着环境恶化、资源

匮乏、能源短缺以及温室气体排放过量所导致的气候变化等问题的突显而日益为世人关注。它与"低碳经济""低碳技术""低碳社会""低碳城市""低碳世界"等同，属于低碳时代的新概念和新政策。

在中国，低碳理念已成为社会经济发展的热点。在2009年的哥本哈根气候大会上，我国明确承诺到2020年中国单位国内生产总值（GDP）二氧化碳的排放量将在2005年的基础上下降40%～45%，并实行目标分解到市的管理政策。自此，控制碳排放便成为我国各级政府的重要任务。

生态环境部于2020年9月25日举行例行新闻发布会，介绍了我国实施积极应对气候变化国家战略的成效——我国提前完成了碳减排2020年目标。碳强度是指单位GDP的二氧化碳排放量，公开数据显示，2017—2019年我国碳强度较2005年分别降低了46%、45.8%、48.1%，这意味着我国每创造1美元GDP的二氧化碳排放量较2005年降低了近一半。此前，我国还提出到2030年碳强度要比2005下降60%～65%。

此外，在第七十五届联合国大会上，中国再次强调环境问题的重要性，并表明"中国将提高国家自主贡献力度，采取更加有力的政策和措施，二氧化碳排放力争于2030年前达到峰值，努力争取2060年前实现碳中和"。❶

据估算，城市中有30%的碳排放量都来自汽车排放，60%来自包括景观园林在内的建筑行业。由此可见，推进低碳景观规划设计理念，对压缩碳排放具有实际意义。

（二）低碳景观概念

低碳景观（Low Carbon Landscape）是指在景观规划设计、景观材料与设备生产、施工建造和景观维护使用的整个生命周期内，减少石化能源的消耗，提高能效，降低二氧化碳的排放量。

（三）低碳景观设计理念

低碳景观的设计理念有如下几点。一是集约城市建设，多重利用土

---

❶ 习近平在第七十五届联合国大会一般性辩论上发表重要讲话［EB/OL］.http://www.gov.cn/xinwen/2020-09/22/content_5546168.htm.

地，例如，提倡紧凑型城市，开发竖向空间和地下空间，修复更新城市废弃地。二是发展绿色基础设施，建设生态城市。例如，保持景观连续性，建立绿色通道；建设节水城市，合理利用水资源；建设城市森林，打造"城市绿肺"；保护或重建湿地，经营"地球之肾"；绿化屋顶空间，增加绿化面积。三是应用低碳型新技术、新能源与新材料。例如，充分应用新技术推进太阳能、风能、生物能等绿色能源的利用和LED等节能光源的应用；促进新型低碳建筑材料和绿色材料应用。四是寓教于乐，发挥景观的低碳教育功能。例如，在景观规划设计中，充分融入环境教育、启示元素，建立低碳景观展示场所，引导公众了解、参与和实行低碳生活。

二、低碳景观的类型

（一）生态优先型低碳景观

生态优先型低碳景观是指在景观建设中、建成后对于生态系统有积极作用的景观。在建设这类景观时往往要考虑周围环境，比如在城市建设的景观可以充分考虑绿化程度，在市郊建设的景观可以融合自然条件，减少因为营造景观而产生的温室气体排放量。

在现代生活中，设计人员越来越重视生态相关的元素，生态优先型低碳景观成为现阶段和未来景观规划设计发展的重要部分。

（二）绿地景观

绿地景观是指在景观中增加绿色植物的数量或者直接将绿色植物作为主体的景观。从科学的角度来看，绿色植物可以起到吸收二氧化碳、净化空气等一系列作用。

在现代都市园林等景观规划设计中，绿地景观占据着非常重要的位置。值得一提的是，绿地景观在我国景观规划设计中由来已久，其除了具有净化空气等作用之外，本身也具有较强的观赏性。

（三）低能耗、低维护费用景观

低能耗、低维护费用景观是指在建筑过程中所需材料较少、消耗较少，建成后维护费用也相对较低的景观。通常而言，这类景观的建设包括开源和节流两个方面。其中，开源是指在景观建设中充分利用自然环境的优势，或者利用工业废料，从而提升资源利用率，避免浪费；节流是指在建设前做好充分的设计、预算工作，在建设过程中把控细节，避免浪费，在建筑完成后适当减少景观的维护费用，从而取得低碳的效果。

（四）文化类景观

文化类景观是指景观蕴藏的精神包含地区、民族或者国家特色。由于很多地区、民族、国家特色不需要着重于实物表达，文化类景观的营造相对简单，很多生活中常见的元素即构成了文化类景观，如平遥古城、地方戏曲舞台等。此外，文化类景观也是低碳景观的重要组成部分。

三、低碳景观规划设计的实际应用案例

（一）聚福园小区项目介绍

江苏省南京市聚福园住宅小区位于南京城西秦淮河以西、长江之畔，西距长江0.5 km，东靠江东北路，南临湘江路，北临闽江路；区位地势平坦、风光秀丽、交通便捷。小区占地12 hm^2，总建筑面积185 000 m^2。小区建设通过技术整合、设计研究，确定了智能便捷、节能生态、绿色环保的总体建设目标。

（二）聚福园小区建筑设计

①朝向、日照方面：该小区在设计中考虑了地势条件和自然季节风向。该小区位于长江中下游平原、长江之畔，地势平坦；夏季主导风为东南风，冬季为东北风。小区中的住宅全部为南北朝向，与市政道路平行。楼栋长轴与夏季东南风成30°～45°夹角，形成了楼栋通风道。南部楼栋以三单元、二单元拼接建和消防间距，留出了8～20 m的间距，以利于夏季风的灌入，而北部的板式高层则有效地阻挡了冬季寒风侵入。

②外墙方面：住宅外墙全部采用外保温技术，能够系统有效地解决外墙隔热保温时可能出现的冷热桥问题。相比于内保温，这种技术增加

了室内使用面积，同时也对外墙起到了一定的保护作用，延长了建筑外墙的使用寿命。具体而言，外保温技术分为多层砖混结构外保温、多层异形框架结构外保温、小高层剪力墙外保温三种。

③屋面方面：住宅屋面采用了平顶和坡顶结合的方式，采用了欧文斯科宁挤塑板（XPS）保温隔热系统和倒置式做法。欧文斯科宁挤塑板强度高且保温性能持久，使用50年后其保温隔热性能仍可保持在80％以上，是目前市场上可用于倒置式屋面的最为有效的一种材料。

④门窗及阳台：在外门窗及阳台封闭门窗设计上，聚福园采用了阻断型铝合金型材加双层中空玻璃。这样一来，在冬季时阳台的温度比北面的房间高5 ℃左右，形成了暖阁。使用调查显示，采用这种玻璃后，老人和小孩在冬季对阳台的使用率显著提高。

（三）聚福园小区雨水利用

聚福园小区的设计师设计了一个工艺流程，可以将雨水回收并作为景观用水的补充水源。通常，景观区域内小范围的雨水收集可利用屋面与路面的雨水收集系统来完成，而大面积的雨水收集则要结合地形来完成，通过地形的营造来组织汇集排水。聚福园小区由落水管收集屋面雨水，由雨水口收集路面和绿地雨水，其中路面雨水的收集采用了雨水篦子和筛网，以拦截大的漂浮物，保持管道的畅通。收集的雨水要经过处理，常规的雨水处理过程包括：用筛网与格栅拦截大块杂质与悬浮物；用混凝设备对雨水进行混凝沉淀，屋顶径流的雨水经过这一步的沉淀之后就能用于绿地灌溉；道路径流的雨水由于污染较严重，经混凝沉淀后还要进行进一步的过滤处理。

聚福园小区的雨水处理流程图如图5-3所示。回流的雨水经过处理后进入景观用水的循环管道，用作灌溉、洗车、景观用水的循环补充水等，达到了节约水资源的目的。

图5-3 聚福园小区雨水处理流程图

四、基于低碳理念的城市公共空间景观规划设计方法

（一）因地制宜，合理利用特色自然景观资源

众所周知，城市之间存在地域性差异，城市公共空间在自然地理特征方面也存在一定的差异，因此，在规划设计城市公共空间景观项目时，要对不同公共空间地形构造以及地表肌理等的实际状况有相对清晰的了解和认识，根据公共空间的具体自然地理特征进行科学合理的景观规划设计，根据空间的不同采取多样化的设计方法和设计手段，尽可能地实现因地制宜，以便最大限度地避免对地形构造和地表肌理的破坏以及对自然资源的浪费与过度消耗，从而充分展现城市公共空间景观规划设计中的低碳理念。

基于低碳理念的城市公共空间景观规划设计不但要注重因地制宜，还要注重特色自然景观资源的合理利用。特色自然景观资源往往都是在自然地理特征影响下形成和产生的，城市公共空间景观规划设计要强调对于特色自然景观资源的继承和保护，并在此基础上合理利用自然景观资源，以设计和创造出具有历史延续的生态景观。通过科学合理的景观规划设计降低和避免对于自然环境的破坏以及资源、能源的过度消耗，有利于缓解日益严重的生态环境问题，同时也能够为城市大众营造出优美、温馨、舒适的公共空间环境。

（二）合理利用自然资源，提高资源利用率

基于低碳理念的城市公共空间景观规划设计，要注重对于生态环境和自然资源的合理利用，以便在提高资源利用率的同时促进生态环境和自然资源的可持续发展。不管是一块湿地，还是一片草地，或者是一条河流等，都是自然生态系统的重要组成部分，不但具有较高的生态价值，还具有一定的观赏价值，因此基于低碳设计理念的城市公共空间景观规划设计要遵循可持续发展原则，加强对于诸如城市湿地、林地、滨水绿地等生态环境的保护。例如，很多城市都有河流和湖泊，其与湿地、植物等组成了完整的自然生态系统，景观规划设计师可以将城市中的河流或者湖泊作为设计的基础，进而紧紧围绕河流和湖泊进行综合设

计，从而实现自然水景和人工水景的有机结合，取得改善和提升环境质量的良好效果。

以原有生态环境为基础，运用多种设计手法，不但可以营造出和预期功能与效果一致的公共空间生态景观，还可以减少由人工造景带来的资源和能源的消耗。因此，基于低碳理念的城市公共空间景观规划设计要充分而合理地利用大自然中的水、风、光等自然资源，以营造优美的生态景观，促进城市的可持续发展。

（三）注重乡土物种和环保性材料的选用

基于低碳理念的城市公共空间景观规划设计要注重对生态、环保材料的运用。在城市公共空间硬质景观规划设计中，应该选择与城市环境特点相适应、环保性好、经济性强、可以循环利用的材料，以设计和创造出具有地域特色的生态景观，同时有效减少资源的消耗。

此外，软质景观是城市公共空间景观的重要组成部分，在城市生态环境修复和保护中发挥着重要作用，在对其进行设计和创造时应该选用生态性较强和适应地域环境特征的材料。例如，对于城市公共空间绿化物种的选择应该有效结合当地的地域环境特征，以便科学合理地进行绿化物种的配置，实现生物的多样性，减少后期管理和维护的费用。

（四）创造柔性的绿色开放空间

现阶段，城市建设和改造如火如荼，城市的郊区化发展趋势也不断增强。在这样的状况之下，封闭的城市公园已经不能满足现代城市大众的空间需求，开放的绿地公共空间逐渐取代了封闭的城市公园。开放的城市绿色空间受到了现代城市大众的广泛喜爱，也促进了城市和城市自然景观之间的有效衔接，发挥了重要的桥梁和纽带作用。同时，城市绿色开放空间有利于营造舒适、宜人的城市微气候，进而有效减弱城市热岛效应。

面对当前日益严重的生态环境问题，柔性的绿色开放空间的创造尤为必要。因此，基于低碳理念的城市公共空间景观规划设计要注重柔性的绿色开放空间的创造，以便进一步增加城市绿色植物的面积，增加植被的覆盖率，促进城市公共空间环境质量的改善和提升，为城市大众营造一个优美、舒适的自然空间。

第三节　后现代主义景观规划设计与案例分析

前文已经对后现代主义景观规划设计的风格进行了简要的介绍，本节将对后现代主义景观规划设计进行详细的论述，并对实际案例展开分析。

一、后现代主义景观的概念

（一）后现代主义

1870年，英国画家约翰·沃特金斯·查普提出了"后现代绘画"（Postmodern Painting），用来指一种比法国印象派更现代、更先锋的绘画创作。

关于后现代主义的概念有着不同的定论，综合诸多观点可以发现，后现代主义的特征主要表现为：反对理性至上和科学至上；反基础主义，倡导不确定性和差异性；主张多元论，反对中心主义；怀疑理性和科学能带来自由和解放。

广义的后现代主义是一场声势浩大、影响广泛的文化运动，自西方国家开始蔓延，影响范围极其广泛，几乎包括了从建筑学到设计艺术、绘画、音乐，再到文学、历史学、社会自然科学等所有和文化相关的领域。

狭义的后现代主义指的是20世纪六七十年代西方设计思潮向多元化方向发展的一个新流派。这种设计思潮是从西方工业文明中产生的，是工业社会发展到后工业社会的必然产物；同时，它又是从现代主义中衍生出来的，是对现代主义的反思和批判。

（二）后现代主义景观规划设计

后现代主义景观发展至今，仍然没有一个明确的定义和概念，主要存在广义和狭义两种观点。

广义的后现代主义景观是指受文化上的后现代主义影响的景观规划设计。从表面上看，文化上的后现代主义是指现代主义之后的各种风格，或者某种风格。它受西方现代美学理论后结构主义、新马克思主义思潮和女权主义的影响，具有向现代主义挑战或否定现代主义的内涵，标志着与现代主义的精英意识和崇高美学的决裂。它以否定性、非中心性、破碎性、反正统性、非连续性以及多元性为特征，消解了现代主义的抽象的、超验的、中心的、一元论的思维体系。

狭义的后现代主义景观一般是指以反对现代主义的纯粹性、功能性和无装饰性为目的，以历史的折中主义、戏谑性的符号和大众化的装饰风格为主要特征的景观规划设计思潮。后现代主义景观关注人们的精神层面，以场所的意义和情感体验为核心，能够满足人们趣味、个性的精神需求。虽然后现代主义景观规划设计师吸收了很多后现代主义的设计概念和新艺术手法，如构图的隐喻、视觉的变化和色彩对比等，但是他们并没有彻底抛弃树木、花草、水体、山石等传统设计元素，而是将两者有机结合，营造出新的场所意义。因此，后现代主义景观显得温和而谨慎。人在后现代主义景观中并非扮演主体的角色，人和景观始终是互动的关系，有时候人甚至也会成为景观构成元素的一部分。因此，无论后现代主义景观规划设计师在设计中表现得多么前卫，其营造的场所氛围始终能够体现出人与自然的和谐关系。

二、后现代主义景观的特征

（一）风格多样性

现代主义以中产阶级为基础，其高雅、孤傲、奢靡的自然曲调并不能适应大众文化。当现代主义以由钢筋、混凝土塑造出的"方盒子"横扫世界建筑领域之后，对于地域特色的表现便开始无人问津。在此背景下，从罗伯特·文丘里（Robert Venturi）❶开始，一些后现代主义景观规

---

❶　罗伯特·文丘里，美国费城人，世界著名建筑师，1991 年普立兹克建筑奖获得者，后现代主义建筑奠基人。

划设计师尝试复原初始的情感与需求，将个体与整体关联起来，批判现代主义以千篇一律的抽象几何形态矗立在摩登都市或市井小镇中，并未意识到社会形态的多样性以及人的经验与共鸣在设计中的主导作用。

（二）装饰性

装饰性是后现代主义设计最为典型的特点，而且成为后现代主义反对国际主义风格最有力的武器。后现代主义认为，现代主义对历史传统的全然摒弃过于绝对，而将古典时期为大众熟知的经典形态或装饰手法与现代设计结合，能够以诙谐、嘲讽、调侃的语言开创装饰新阶段，进而提高视觉的丰富性，满足不同个体的精神需求。具体表现为将历史上经典形态的某一要素应用到设计作品中，使人一见到该作品就会产生历史联想，在情感上产生共鸣，同时带有戏谑的成分，从而赋予作品新的意义。

（三）关注自然以及自然与人的关系

现代主义对景观规划设计最积极的贡献在于，它所认为的功能应当是设计的起点这一理念，使景观规划设计从传统图案和所谓的风景秩序中解放出来，引入了功能和社会尺度的角度。但是，现代主义过分地追求纯粹、形式至上、自我中心和整体艺术语言的单调，在一定程度上推动了后现代主义的诞生。20世纪60年代以来，景观规划设计受到了后现代主义的影响，一些景观规划设计师们从对形式美的追求转向对自然和自然与人的关系的关注。

后现代主义采用了现代主义的手法，具有非理性、荒诞性，营造出了令人惊奇的、不可思议的景观环境。后现代主义以出位、戏谑性取代了目的的严肃性，擅长使用复杂的构成形式取代简单的设计模式，使景观规划设计从机械地满足功能需求中跳脱出来，勇于从不同视角诠释场景的意义。例如，大地艺术将形式与功能相融合，典型的例子是古埃及的金字塔和英国的斯通亨治圆形石柱都以人与自然的有机结合为前提，消解了场所本身的气候、地形、季节等功能要素的作用，加强了人对场所的感应性，引导人们整合与体验历史、自然和经验。

三、后现代景观规划设计的实际应用案例

（一）雪铁龙公园项目介绍

雪铁龙公园（Parc Andre Citroen）占地45 hm²，位于法国巴黎西南角，濒临塞纳河，是在雪铁龙汽车制造厂旧址的基础上建造的大型城市公园。该公园具有明显的后现代主义特征，选用拼贴式复古主义进行设计。需要注意的是，其文脉的复古并非是对传统景观元素的简单复制，而是以现代造景手法，采用象征和隐喻的手法对传统进行阐述和再现。

该公园由南北两个部分组成。法国建筑师博格（P.Berger）负责北部的设计，包括白色园、两座大型温室、六座小温室和六条水坡道夹峙的序列花园以及临近塞纳河的运动园等。景观规划设计师普洛沃斯（A.Provost）、建筑师维吉尔（J.P.Viguier）和乔迪（J.F.Jodry）负责南部设计，包括黑色园、变形园、中心草坪、大水渠、水渠边的七个小建筑以及边缘的山林水泽、仙水洞窟等。

（二）雪铁龙公园整体布局

雪铁龙公园的平面布局呈几何形，是一系列大大小小矩形的平面组合，具有法国古典园林的典型特征，如图5-4所示。在雪铁龙公园的平面布局中，一条横空出世的斜线将雪铁龙公园一分为二，使一系列有矩形边界的空间组成了面向塞纳河的轴线。雪铁龙公园作为遗址公园，并没有像其他类似的公园一样保留工厂的一些痕迹，而是选择保留原来的空间结构。

（三）雪铁龙公园的历史特征

垂直于河岸的通道为工业生产连接了码头和厂房，场地上的斜向联系则是城市路网的重要历史信息。现在的雪铁龙公园模拟了原有工厂的物质能量流动途径，虽然在园内看不到雪铁龙工厂的厂房或者在工业生产时所用的机械装备等，但是雪铁龙公园通过整体空间布局将工厂留在这片土地的痕迹呈现给了公园的使用者。

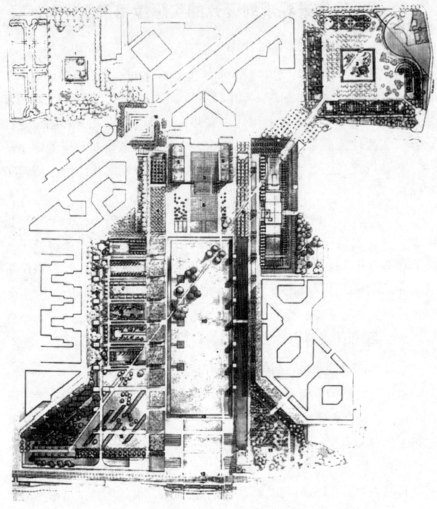

图5-4　雪铁龙公园平面图

（四）雪铁龙公园的空间类型

在雪铁龙公园中，开放空间轴线明显，贯穿主园区中心带，两个社区私密空间分布在两侧小尺度主题庭院中，半开放空间位于部分建筑前广场和连接地铁站的黑色园。其中，高架路桥下塞纳河一侧的入口旁设置有斜面跌水围合而成的下沉空间，水声隔断了外界车流噪声，使此处成为冥想的私密之所。

　　该公园的设计追求自然与个性，通过一系列小花园使强烈的平面结构形式与自然相融合。这些以植物种植为主的小花园各有主题，如黑与白、岩石与苔藓、废墟、变形，并通过不同植物种类与小品、地面材质的对比突出了个性与特征；通过技术手段使水元素得到淋漓尽致地运用，如广场中央的柱状喷泉、围绕大草坪的运河、跌水、瀑布丰富了公园的视觉、听觉效果。此外，一条斜穿大草坪的老路被保留下来，印证了雪铁龙工厂甚至更早的历史痕迹，同时也是园内的主要步行道。

（五）雪铁龙公园的空间要素

　　①大草坪：整个公园的核心是临塞纳河设置的巨大的广场型绿地，呈斜坡面向塞纳河。广场周围规划了运河、大型玻璃温室、系列花园，公园全部面向公众开放。雪铁龙公园的规划设计师无论在平面布局上，还是在建筑与环境小品处理上，都力求在继承法国园林传统的同时，建设一个现代城市公共绿化空间。

　　②七个园景："金色园""红色园""白色园""橙色园""绿色园""蓝色园"以及"活园"七个园组成了一系列的空间。雪铁龙公园的规划设计师希望用色彩带给人的情感联想来诠释日常生活中人们每一天的情绪变化，而这些色彩主题的体现依靠的是植物材料。其中，金色园运用了多种彩色叶植物，在春天来临之际呈现出鲜嫩的金黄；红色园的乔木主要运用海棠和桑树，既有明艳的红色海棠花，又有暗红的桑葚；白色园的色彩主要依靠类似日本枯山水庭院般的白色卵石来体现，周边色彩浓暗的常绿灌木衬托了卵石的白色，两侧列植的小乔木满树银枝也配合了色彩主题；橙色园主要依靠波斯铁幕橙红色的叶色、日本花柏橙黄色的叶片、栾树的黄花，再配以多种杜鹃及其他草木花卉的色彩实现；绿色园上有数种槭树科及墨西哥橘等高大阴森的乔木，下有大黄等色叶浓绿的灌木，形成了一派饱满欲滴的深绿；蓝色园主要依靠多种蓝色的草本花卉来体现，在阳光下这些花朵的蓝色显得更加响亮清脆。

　　③运动园：运动园是一座有鲜活生命的园，这个区域内的植物都是播种种植的，植物的生长完全不受约束，也从来没有人对它们进行修

剪，连野草都被一视同仁地看作这个空间的一部分。园中没有非常明确的路径，走的人多了也就成了路。植物间的相互竞争，以及人类活动的参与和影响都是构成此处空间的驱动力。在这种情况下，运动园形成了颇具野趣的丰富植物空间。

④铁路沿线的空间：总平面图的东南角有一块三角形的区域，在塞纳河的左岸铁路凌空而过，将河岸与公园完全的分割开来。铁路线造成公园与水面视觉的联系完全中断，而且每几分钟就疾驰而过的火车带来了无法消除的噪声。在这一区域中，一组3 m高的墙体分割围合的小空间，在下形成了一组递进的空间序列，在上形成了立体步行系统。递进的空间序列由三部分组成，第一部分是两组水瀑夹持的小空间，第二部分是以黄杨花坛和桦树组合的中心庭院，第三部分是由整体修剪的灌木群和步道组成的转折（过渡）区域。

⑤两个大温室：温室作为公园中的主体建筑，如同巴洛克花园中的宫殿；温室前下倾的大草坪又似巴洛克花园中宫殿前下沉式大花坛的简化。

总而言之，雪铁龙公园展示的是具有活力的、美丽的、变化丰富的、不断生长的、具有生命力的和有规律的自然，并追求自然与人工、城市及建筑的联系与渗透，是一个富有创意的、供人们在此沉思，令人联想到自然、宇宙或人类自身的文化性公园。

四、受后现代主义影响的景观规划设计

（一）罗伯特·文丘里的文脉主义景观规划设计

罗伯特·文丘里深受其所供职的事务所中三位现代主义大师奥斯卡·斯托罗夫（Oscar Stonorov）、埃罗沙里宁（Eero Saarinen）❶以及路

---

❶ 埃罗·沙里宁，美籍芬兰裔建筑师。他于1934年毕业于耶鲁大学建筑系，之后得奖学金旅欧学习两年；回国后随父从事建筑实践，自1941年起与父在美国密歇根州安阿伯合开建筑师事务所，直到1950年父逝。之后，他在密歇根州伯明翰继续经营建筑师事务所。他曾与父同设计了不少重要建筑，其设计风格清新、个性突出、造型独特、有创造性。

易斯·康（Louis Isadore Kahn）❶的影响。在这不同风格的三位现代主义大师的影响下，罗伯特·文丘里对现代主义、国际主义风格有了深刻的理解，也有了改变统治那个时代的现代主义风格的想法。

罗伯特·文丘里强调建筑理论研究，他利用在宾夕法尼亚大学建筑学院担任教师的机会，一方面利用大学的科研条件进一步充实、丰富自己的设计思想，另一方面通过授课将自己的思想传授给学生，影响下一代景观规划设计师。

罗伯特·文丘里掌握了比较完整的设计理论，他的作品并没有拘泥于某种固定的风格。在进行建筑设计的同时，他也涉足景观规划设计领域，如他于1972年设计的位于费城附近的富兰克林纪念馆和于1979年设计的华盛顿西广场。

富兰克林纪念馆建于富兰克林的自建故居原址上，坐落在费城老城中的旧市街。这个设计最艰难的是如何设计一个与场地内涵相适应但又独特的结构，从而充满想象力地达到教育和纪念的目的，向人们传达场地和建设者丰富的历史背景；反映富兰克林的精神和成就。对此，文丘里通过将主要展览区域放置在地下，用钢架结构勾勒出建筑轮廓，显示出了旧建筑的灵魂，如图5-5所示。他将富兰克林花园的遗址设置为开放空间，游客可以看到少数遗迹。文丘里将富兰克林写给妻子的信刻在铺路上，重建了曾经面朝旧市街的五座古老房屋，其中两座作为陈列考古展品用，其他则作为行政办公室和商店。富兰克林纪念馆内部场地的园林被设计成一座18世纪风格的花园，给游客提供了舒适安稳的休憩空间。富兰克林纪念馆现在已经成为较受欢迎的景点之一，成为繁华的商业街上一片安静的绿洲。

---

❶　路易斯·康，美国现代建筑师。1924年毕业于费城宾夕法尼亚大学，后进入费城莫利特事务所工作。1928年赴欧洲考察，1935年在费城创业。1941—1944年先后与G·豪和斯托诺洛夫合作从事建筑设计，1947—1957年任耶鲁大学教授，设计了该校的美术馆。1957年后又在费城创业，兼任宾夕法尼亚州立大学教授。

图5-5　富兰克林纪念馆

（二）查尔斯·摩尔❶的新奥尔良市意大利广场

美国新奥尔良在19世纪末和20世纪初接收了数万名意大利移民。20世纪70年代初，新奥尔良的意大利裔美国人社区的领导人构想了一个在该市永久公开纪念意大利移民经历的项目计划。新奥尔良市政府致力于改善和振兴该市陷入困境的市中心，并对该项目表示欢迎。该项目被安排在市中心，以鼓励人们投资。

1974年，当代建筑师查尔斯·摩尔（Charles Willard Moore）——耶鲁建筑学院的前任院长和后现代建筑诙谐、丰富的设计语言的拥护者——与三位年轻建筑师展开了密切合作，构想了一个意大利半岛形状的公共喷泉。该喷泉周围环绕着多个半圆形柱廊、一座钟塔、一座钟楼和一座罗马神庙（后两者都以抽象的、极简主义的空间框架的方式来表达），构成了意大利广场，如图5-6所示。人们可从波伊德拉斯街延伸出

---

❶　查尔斯·摩尔是美国杰出的后现代主义建筑设计大师，是后现代主义的领军人物之一。他对于建筑设计一向持有非常浪漫的艺术态度，他的不少建筑作品都具有鲜明的舞台表演设计特点。他非常重视自然环境、社区环境与建筑的吻合、协调。

来的一条逐渐变细的通道，或者商业街与拉斐特街交界处的钟楼的拱形开口进入该广场。喷泉和周围的柱廊戏谑地采用了古典的形式和秩序，甚至墙面上有一对查尔斯·摩尔本人喷水的头像，充满了讽刺、诙谐与玩世不恭的意味。

图5-6　新奥尔良市意大利广场

第六章　旅游景观规划设计

旅游景观规划设计是指以旅游景观为对象进行空间布局和创意，以营造优化宜人的环境、吸引游客为目的，最终实现旅游景观的生态化、实用化和形象化。对于自然风景名胜旅游区景观规划设计，应该注重对旅游景观的永续维护和利用，从空间和时间两个维度加强游览者与自然、文化的内在联系和交流，从而真正实现个体景观群体与整个自然环境、人文环境的融合。

第一节　旅游景观规划设计的基础知识

一、旅游景观的含义及相关概念

（一）旅游景观的含义

20世纪70年代，在一些欧洲国家，如德国、荷兰、捷克等国家，景观的概念被引入旅游学，"旅游景观"这一新词出现。在我国，韩也良先生在研究黄山景区时，把风景名胜区整体视为"生态旅游景观"，将景观这一概念引入了我国的旅游研究。

　　"旅游景观"一词自产生之初就被当作旅游发展的概念性产物，是景观概念的延伸和细化。随着研究的深入，学界对于"旅游景观"这一概念的界定众说纷纭。例如，王兴中认为，旅游景观是"旅游者通过视觉、听觉等对特定的某一旅游时间、空间场所内具有旅游意义的自然、人文复合物象和现象的感知景象"❶；孙文吕认为，旅游景观是指"一个地区的整体面貌，即各要素组成的相互联系、和谐的综合体"❷；王柯平把旅游景观界定为"一种具有审美信息、空间形式和时间立体性的外在观赏实体"❸；钱今昔认为"自然旅游资源和人文旅游资源在一定区域范围内的综合表征，就是旅游景观"；祁颖认为，"旅游景观是具有旅游审美价值的能够吸引旅游者，促使其产生旅游活动和愉悦体验的环境综合体"；方海川认为，"旅游景观是旅游资源客体，是一定地理区域内的特有优势景观类型，包括区域的经济水平、服务基础设施，是依赖于一个或几个中心城市建立起来的，能为旅游者提供旅游活动内容的区域、自然、社会、经济、文化复杂融合综合体"；但强认为，"旅游景观是指对游客有吸引力，并促使游客进行旅游活动和产生愉悦体验的景观"❹。

　　综合不同学者的观点后可以发现，对旅游景观的定义主要是从以下角度入手的。

1. 文化角度

　　从文化角度来看，旅游景观是指区域中的景致、建筑和名胜古迹，还包括游客感受到的具有地方特色的传统风俗习惯等精神文明现象。

2. 旅游开发角度

　　从旅游开发角度入手，陈彦光、王义民认为，旅游景观是一个区域内的综合体，由各种具有旅游价值的事物组成，包括各种景点、风景及

---

❶　王兴中. 对旅游景观认知构成与评价的浅见 [J]. 人文地理，1990（1）：19-23.

❷　孙文吕. 现代旅游开发学 [M]. 山东：青岛出版社，2002.

❸　王柯平. 旅游美学导论 [M]. 旅游教育出版社，2011.

❹　但强，朱珠. 旅游景观内涵探析 [J]. 重庆科技学院学报（社会科学版），2005（4）：64-66.

各种旅游设施和人文环境。❶

王迪云认为，旅游景观是一种特殊的文化景观，是空间和感知的客观实体，是开发者出于旅游发展的目的，对自然景观或文化景观进行旅游开发改造而形成的一种新的景观。

3. 旅游产品角度

从旅游产品角度入手，王云❷在1999年提出，旅游景观是旅游产品的核心基础，是吸引游客进行旅游活动的因素和条件，是游客进行旅游活动的客观对象，包括物质和精神两方面因素。

目前，关于旅游景观含义的讨论仍在继续，并逐渐受到相关学者们的重视。本书认为，旅游景观不完全等同于旅游资源，旅游资源更注重的是吸引力和经济、社会、环境效益，而旅游景观强调地域环境的综合性；旅游资源关注的主体是旅游业的开发商和相关职能部门，而旅游景观关注的主体是旅游者。相比于单纯的森林、绿洲、湿地等景观类型，旅游景观不仅具有维系物质生产、保护生物多样性和平衡自然生态等生产环境功能，还在一定的地域空间范围内，拥有集中的旅游资源、旅游基础设施与接待设施，能够使该区域具有吸引力和服务能力，而且具有在满足旅游者精神、文化需求的同时提高当地居民生活标准，促进旅游地区社会和经济进步的作用。由此可见，旅游景观既是旅游活动的客观对象，又是整合农业资源、自然环境、劳动生产、居民生活和风情民俗文化的综合性载体，还是弘扬文化、传承文明的重要工具。

（二）旅游景观的分类及要素构成

1. 旅游景观分类

不同学者对旅游景观进行分类时的切入角度不同，因此不同学者对旅游景观进行分类的方式和方法也不尽相同，这也导致了到目前为止还

---

❶ 陈彦光，王义民．论分形与旅游景观 [J]．人文地理，1997，12（1）：62-66.

❷ 王云，上海交通大学教授，1997—1999 年 8 月在上海农学院园林系从事教学与科研工作，1999 年 9 月开始在上海交通大学农业与生物学院园林科学与工程系从事教学与科研工作。

没有统一的旅游景观分类标准。

本书参照《旅游资源分类、调查与评价》（GB/T 18972—2003）中的分类体系，结合旅游景观概念的拓深和旅游景观与后期规划设计的密切关系，将旅游景观分为三级。一级为旅游景观主类，包括自然旅游景观和人文旅游景观；二级为旅游景观次类，总共包括8种次类；三级为旅游景观基本类型，具体见表6-1。这一分类主要是按照旅游景观的基本成因和属性进行划分的，比较直观且容易理解。

表6-1　旅游景观分类

主类	次类	基本类型
自然旅游景观	地质地貌旅游景观	山川、峡谷、峰林、峰丛、岩壁与岩缝、沙漠、冰川堆积体、火山熔岩、矿石堆基地、岛礁、岸滩、洞穴、地表断层、地表褶皱、丹霞地貌、喀斯特地貌、雅丹地貌、草地、湿地、地震遗址
	水域旅游景观	海洋、河流、湖泊、瀑布、泉水、积雪、浪潮、温泉
	生物群落旅游景观	植物群落、动物群落、微生物群落
	天象与气候旅游景观	日月星辰、风雨雷电、云雾、雪景、彩虹、流星、彗星、极光、陨石、天体、景物景观、极端特殊天气、暑热冬寒
人文旅游景观	历史古迹遗址旅游景观	古人类生存遗址、古文化遗址、文物散落地、原始聚落、军事遗址与古战场、废城与聚落遗址、名人故居遗址、废弃生产地
	园林建筑设施旅游景观	宫殿、帝陵、宗教建筑、水利工程、交通工程、自然园林、人工园林、建筑小品、人工洞穴、广场、石碑
	文明社会旅游景观	古镇、村落、特色农耕、特色城镇、文化遗产、现代人工、主题园、纪念园、特定场所
	人文活动旅游景观	传统节庆、民间习俗、文化艺术、宗教活动、地方特色商品、石刻石窟

自然旅游景观是大自然神奇的造化，是在一定地域环境下形成的自然景观单元。自然旅游景观包括地质地貌旅游景观、水域旅游景观、生

物群落旅游景观以及天象与气候旅游景观四大次类，其旅游价值是客观存在的，具有直观性和自然性。

人文旅游景观是人类社会的文化结晶和艺术成就，是形象美和意境美的结合，是对特殊的历史、地方、民族特色或异国异地的特殊情调的反映，比自然景观更具文化内涵。它可以是现代艺匠的景观创造，也可以是历史的遗留物；可以是无形的民俗表演，也可以是有形的建筑。人文旅游景观的旅游价值具有主观性和潜藏性。

2. 旅游景观要素构成

旅游景观是由多种要素组成的整体，不是单独存在的某种要素，主要包括场域感知、旅游吸引物、感知条件等子要素，各要素之间互相联系且互相作用。

（1）场域感知

场域感知是指人对旅游环境整体、全面的反映。在旅游过程中，旅游者在获得了大量的旅游环境信息之后，会通过甄选、综合等过程，依据自己的旅游需求、心理状态和以往经验，赋予旅游场域新的意义，并从中获得愉悦感。在旅游者游览的过程中，旅游场域景象以其特征属性对人的感官系统起作用，使游客体验到旅游带来的愉悦。

（2）旅游吸引物

旅游吸引物是指旅游目标地区可以吸引旅游者产生旅游活动的事物，也可以简单地将其理解为旅游对象。旅游吸引物的类型繁多，自然旅游景观中的名山大川、水域风光、动植物，人文旅游景观中的遗址遗迹、风物风貌、园林建筑等都属于旅游吸引物。

（3）感知条件

感知条件是旅游者感知旅游景观的制约因素。旅游景观的外在吸引力与旅游者构成了一种特殊的关系，主要包括旅游景观和旅游者两方面。一方面，旅游景观的物象特征要清晰、生动、突出，只有这样才能吸引旅游者；另一方面，旅游者自身的年龄、文化程度、人生经历等都会影响旅游者对旅游景观的感知，因此在进行旅游景观规划设计时，一定要兼顾旅游资源条件和游客消费倾向两个方面。

二、旅游景观规划设计基础理论

（一）旅游学

旅游学是全面研究旅游的内外条件、本质属性、运行关系、发生发展规律和社会影响的新兴学科。它以旅游涉及的各项要素的有机整体为依托，将旅游作为一种综合的社会现象，以旅游运作过程中旅游者活动和旅游产业活动的内在矛盾为研究的核心。

1. 旅游的本质

①生理本质。旅游活动是建立在一定的物质条件基础上的，是人在物质生活条件达到一定水平和层次之后对精神享受的追求，是一种高层次的精神文化活动。

②审美本质。审美是指领会事物的美，从而满足自身精神享受的需要，达到身心畅快的目的。旅游活动的真正目的是追求审美、享乐、身心自由的愉悦。

③社会本质。旅游活动构成的小社会与日常社会有很大的不同，它是一种偶然的、自由的、非功利的组合，是一种积极健康的社会交往模式。

2. 旅游的属性

①经济属性。旅游，尤其是现代旅游与经济有着十分密切的关系。从某种角度来看，旅游的规模、内容、方式和范围由经济发展的水平决定，旅游的发展又促进着社会的进步和经济的繁荣。

②社会属性。旅游是一种社会现象，在不同社会时期，旅游现象具有不同的特点。

③政治属性。旅游业的发展、旅游活动的正常开展与一个国家的政治有着十分密切的关系，只有在稳定的政治环境中旅游业才能稳定地发展。此外，旅游能促进不同地区、不同民族、不同国家之间的交往，有利于加深国家和民族之间的相互了解，有利于改善国际关系和促进世界和平。

④文化属性。旅游是人类在基本生存需要得到满足后产生的一种精神

文化追求，包括休闲、追求体验、新知等，是人类社会的一种文化现象。

（二）旅游规划与旅游景观规划设计

旅游规划是指某地区对于旅游业未来全面发展的系统安排和计划，是资源与市场的匹配，是对旅游产品的生产与交换的系统构想。它以客观的调查与评价为基础，通过一系列方法寻求最佳决策，以实现经济效益、社会效益和环境效益最大化。国际上对旅游规划的定义是：旅游规划是指以旅游资源为基础，依据旅游发展规律和市场特点，对旅游资源和社会资源进行优化配置，并合理筹划旅游发展的过程，是全面、长远的旅游业发展计划和行动方案。

在我国，全面而系统的旅游规划始于改革开放之后，与西方发达国家相比，起步较晚，经历了资源导向型的旅游规划、市场导向型的旅游规划、生态导向型的旅游规划三个阶段。

旅游景观规划设计是指运用技术手段、设计方法来表达旅游规划思想。不管是旅游规划还是旅游景观规划设计，其成果最终都要走向市场，为经济发展服务。可以说，旅游规划和旅游景观规划设计是将同一个项目推向市场的两个不同的"驱动力"。

旅游规划主要分为旅游区域规划和景区规划两部分，而旅游景观规划设计是景区规划重要的组成部分，可以使旅游规划更具实践性和操作性。旅游规划与旅游景观规划设计之间的关系如图6-1所示。

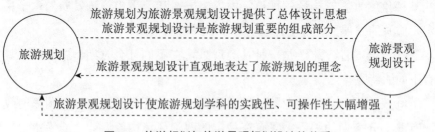

图6-1　旅游规划与旅游景观规划设计的关系

1. 旅游景观规划设计加强了旅游规划学科的实践性

旅游规划与旅游景观规划设计互有交集，二者呈现出一种相互促进和相互联系的状态。具体表现为旅游景观规划设计为旅游规划提供了最适宜该地点的景观改造和特色亮点方案以及最合适的项目支撑；旅游规划能够将景观规划设计的成果更好地推向市场，同时观察游客的反应，并对现在和未来的市场项目开发做出预测，以便更好地对整体的风景园林规划起到监督和反馈作用。

2. 旅游景观规划设计是旅游规划重要的组成部分

旅游景观规划设计是旅游规划必须涉及的一个重要方面。旅游景观规划设计创造的艺术形象应具有连续的时空动态性，这就要求规划设计的地形、水体、建筑、植物等客体不但要具有空间体量感，而且能随着时间的推移，产生晨昏各异、冬夏不同的各种景象，以及当景物与观赏者之间的相对位置发生变化时，能产生步移景异的效果。

3. 旅游规划为旅游景观规划设计提供了总体理念及市场导向

旅游规划总体格局的划分、市场定位等，是旅游景观规划设计的重要指导思想，能够为旅游景观项目、节点设计以及主题创意提供正确的指导方向，从而设计出旅游者喜闻乐见的景观作品。吴良镛教授指出，要做好规划工作，就必须加强对规划哲学和方法论的思考，努力提高认识问题的自觉性；技术毕竟是工具，它可以提高我们的工作质量，可以辅助决策，但不能替代正确的规划思想。

4. 旅游景观规划设计将旅游规划理念表现得更为直观

思想是抽象的，设计作品则是具象的。旅游景观规划设计能够综合运用地形、植被、水体、景观建筑、景观小品、铺装要素，使用丰富的设计手法，将旅游规划的思想直观地表达出来。旅游景观的节点效果、景观布局等，加强了旅游规划思想的视觉冲击力，使旅游形象得到了更加直观的表达。

---

❶ 吴良镛，清华大学教授，中国科学院和中国工程院两院院士，中国建筑学家、城乡规划学家和教育家，人居环境科学的创建者。其先后获得了"世界人居奖"、国际建筑师协会"屈米奖""亚洲建筑师协会金奖""陈嘉庚科学奖""何梁何利奖"以及美、法、俄等国授予的多个荣誉称号。

第二节　旅游景观规划设计的原则

一、旅游景观规划设计的功能定位原则

（一）文化原则

成功的旅游景观规划设计，其文化内涵和艺术风格或具有鲜明的地域特色，或具有特殊的民俗风情。旅游本身是一种文化活动，旅游景观要想拥有长久的生命力，就应该以其特定的文化内涵满足游客的心理需要。因此，在旅游景观规划设计的过程中，首先要在对旅游资源进行调研、评价的基础上确定其核心文化，然后再进行下一步的旅游景观规划设计。需要注意的是，对每个景观要素的设计及其相互之间的有机协调，都应该围绕主题文化而展开。

文化吸引物是人类历史与文化的智慧结晶，旅游景观规划设计需对物质形态的文化吸引物进行合理的引导和开发建设。例如，对风景建筑景观的规划设计要注意对当地民俗及风土环境等文化内涵的研究，注意从地方民居中汲取精华，从文化学的角度来探讨风景建筑的文化归属，从而找出其创作的着眼点，设计出得体于自然、巧构于环境的风景建筑；同时，注意文化内涵的最佳表现和参与性动态旅游景观的设计，使游客在亲身感受中体会文化的精髓。此外，文化吸引物中的非物质形态部分同样也是旅游发展的潜在吸引力，因此在规划设计中也要给予其明确的引导，以便进行整体旅游展示内容的策划。

总而言之，旅游景观规划设计不仅要尊重民俗土风、注重保护传统人文景观特色，还应当将现代文明融入其中，创造与环境和谐的新景观，而不是试图改变原有的生活内容。

（二）心理原则

景观规划设计的最直接目的是通过提升景观的审美价值、文化价值，使景观更好地服务于旅游者，以实现经济效益，而能否抓住大众旅游者的消费心理将影响服务的质量和回报率。因此，旅游景观规划设计师应站在一个具体人的角度进行思考，充分顾及人的心理需求，形成人性化的设计。

一方面，短期度假旅游者的诉求与传统观光旅游者有所区别。要想满足这类游客的需求，就要有更多吸引游客停留与享受的景观，保证游客能够达到度假旅游的目的。

另一方面，旅游景观规划设计不仅要考虑游客的心理需求，还应该照顾到旅游地居民的需求。这是因为旅游地的居民祖祖辈辈都在此繁衍生息，有着独特的生活劳作传统，所以必须考虑旅游发展对他们的影响。对此，旅游景观规划设计师既要尽量保证他们的权益不受到破坏，又要使他们成为旅游业的受益者；使他们既保持传统，又融入新的经济模式，让他们的物质和精神生活都得到提高。如此一来，不同人群需求满足的长期统一就构成了经济发展的良性循环。

（三）参与性原则

在旅游景观规划设计中，应针对不同类型旅游者设计不同的参与性项目。例如，针对热情开放的年轻旅游者，可设立刺激、新奇的旅游设施和项目；针对年龄稍长、文化程度较高的旅游者，可设计相对平和、文化含量较高的参与项目。旅游景观规划设计的参与性原则还应该体现在公众（包括旅游者和当地居民）对旅游景观规划设计本身的参与。通过征求社区居民意见，吸引他们参与旅游景观规划与设计，可以更好地协调旅游景观与整体环境的关系，实现旅游景观生态效益、经济效益和社会效益的有机统一。

（四）主题性原则

从某种意义上来讲，主题形象是景观的生命，一个个性鲜明的主题可以使景观形成较长时间的竞争优势。因此，在旅游景观规划设计中，主题形象的塑造是一个核心问题。如果一个旅游项目有属于自己的故事，就能够搭起一座通向旅游市场的桥梁。通过这座桥梁，旅游者可以拥有较高层次的旅游休闲趣味。旅游景观规划设计当然也要围绕与故事有关的主题对旅游情景加以"编织"，将设计的景区主题以讲故事的形式呈现在旅游者面前。这样做实际上是根据情感对市场做出定义，如广西桂林漓江的"九马画山"的故事就被游客们津津乐道，长江第二峡中的巫山神女峰也以其优美的主题故事而闻名遐迩。可以说，在以文化为主的景区，旅游产品基于原有资源的部分已经成为一个附属，主要应体现故事的内涵。因此，在旅游资源同质化程度比较高的情况下，如何突出旅游的特色成为旅游开发的根本问题之一。

要想在旅游景观规划设计的过程中遵循主题性原则，就要突出创意鲜明而独特的开发主题策划。这项策划要根据资源的结构特征来制订，使其与其他旅游区景观资源的结构特色区别开来，在突出自身形象的同时实现与其他旅游景观的"优势互补"，以构建合理的开发结构。该原则建立在对旅游景观分布组合特点、旅游资源开发价值和潜力、区位条件及开发现状条件等分析评价的基础之上，在其指导下可以确定旅游区的重点开发项目，遵循开发建设的时序性，分期滚动实施。

二、旅游景观规划设计的异质性原则与多样性原则

（一）异质性原则

一般情况下，物体都是由不同的组成部分组成的，绝对同质的物体是不存在的。旅游景观也是一个具有高度空间异质性的区域，因此景观结构的中心问题就在于它的异质性状况。具体来讲，一个地区的土壤、植被、地貌、水文、气候以及历史、经济、文化等景观要素在景观中的不均匀分布，会导致一定区域内的景观在类型、结构和功能上具备不同特色。旅游景观规划设计的异质性是增强景观吸引力、维护景观多样性、招徕旅游者的关键因素之一。

旅游业在经济的发展中日趋成熟，而旅游者也渐渐摆脱了以前的

"有景便游"的盲目出游，拥有越来越理性化的出游动机。因此，在旅游景观规划设计中，应根据景观的异质性优化景观结构，完善景观功能，使景观内部各要素的组合各具特色；通过不同主题展示不同风格，做到"人无我有、人有我特"，避免将旅游景观开发成其他知名旅游景观的复制品，从而为旅游者提供不同味道的"景观大餐"。

此外，景观规划设计的异质性不仅要求在横向对比中突出不同区域的景观特色，还要求在纵向对比中不断实现景观自身的创新。

（二）多样性原则

旅游景观规划设计的多样性原则，一方面要求园区品种组合、区内微小区域的布局和景观资源配置要突出丰富性、多样性的特点；另一方面要求在旅游产品开发、线路设计游览方式、时间选择、消费水平等方面必须有多种方案，以便为游客提供多种选择。

第三节　旅游景观规划设计的程序

一、基地调查阶段

基地调查是指在法定范围、界线之内，针对所指基地内的斜度及其他细部事项，包括气候、植栽、社会形态、动线分布情况及历史背景等，做一份完整的调查报告。

对于基地调查的前期准备内容，不少文献都做了大致相同的论述。根据目前较普遍的看法，可以将基地调查的具体内容归纳为如下几方面。

（一）基本条件

基本条件是指在进行设计前必须了解的一系列与建设项目有关的先决条件，一般包括以下内容。

①建设方对设计项目、设计标准及投资额度的意见，以及可能与此相关的历史状况。

②项目与城市绿地总体规划的关系（1∶5 000～1∶1 800的规划图），以及总体绿地规划对拟建项目的特殊要求。

③与周围市政的交通联系，以及车流、人流集散方向。这对于确定场地出入口有决定性的作用。

④基地周边关系，主要包括：周围环境的特点，未来的发展情况，有无名胜古迹、古树名木、自然资源及人文资源状况等；相关的周围城市景观，包括建筑形式、体量、色彩等；旅游区周围居民的类型与社会结构，譬如是否属于自然保护区或历史文化名城等情况。

⑤该地段的环保情况，如基地排污、排水设施条件，周围是否有污染源（如有毒有害的厂矿企业等）。如有污染源，必须采取防护隔离措施。

⑥当地植物植被状况，如地区内原有的植物种类、生态、群落组成，以及树木的年资、观赏特点等。此外，应特别注意一些乡土树种，因为这些树种的巧妙作用往往可以带来良好的效果。

⑦数据性技术资料，包括用地的水文、地质、地形、气象等方面的资料，如地下水位年、月降水量，年最高、最低温度的分布时间，年最高、最低湿度及其分布时间，季风风向、最大风力、风速以及冰冻线深度等。在必要时，还应由专业技术单位对基地进行局部或全部地质勘查。

⑧一般情况下，还应考虑旅游区建设所需材料的来源，如一些苗木、山石建材等。

（二）基础资料

基础资料是指与旅游区景观规划设计具有直接关系的资料，以文字、技术图纸为主。无论建设项目大小，首先都应了解项目的基础材料，然后才能进行下一步工作。具体而言，基础资料包括如下内容。

①基地地形图。

②基地范围内的地形、标高及现状物体（如现有建筑物，构筑物，山体，水系植物，道路，水井及水系的进、出口位置，电源等）的位置。

③四周环境情况。

④现状植物、植被分布图。

⑤地下管线图。

（三）现场素材

现场踏勘的重要性不言而喻，再详尽的资料也代替不了对现场的实地观察。无论项目面积大小，或难或易，景观规划设计者都有必要到现场认真踏勘，其原因包含两方面：一是旅游环境包含很多感性因素（特别在方案阶段），这类信息无法通过他人准确传达，因此需要景观规划设计者对现场环境进行直觉性的认知；二是每个景观规划设计师对现场资料的理解各不相同，看问题的角度也不一样，只有亲赴现场才能掌握自己需要的全部素材。

一般而言，现场素材主要包括如下内容。

①图纸资料。

②土地所有权，边界线、周边环境。

③方位、地形、坡度、最高眺望点、眺望方式等。

④建筑物的位置、高度、式样、风格。

⑤植物特征，特别是应保留的古树名木的特征。

⑥土壤、地下水位、遮蔽物、恶臭、噪声、道路、煤气、电力、上水道、排水、地下埋设物、交通量、景观特点、障碍物等。

（四）资料整理

资料的选择、分析、判断是旅游景观规划设计的基础，因此对上述素材进行甄别和总结是非常有必要的。通常在景观规划设计开始以前，景观规划设计者收集到的素材是丰富多样的，甚至有些素材包含互相矛盾的方面。旅游景观规划设计不一定要把全部调查资料都用上，但必须要把最突出的、重要的、效果好的整理出来，便于以后的使用。因此，景观规划设计者要预先判断哪些素材是必需的，哪些是可以合并的，哪些是欠精确的，哪些是可以忽略的，然后把收集到的上述资料制作成图表，在一定方针的指导下进行分析、判断，选择有价值的内容，并根据地形、环境条件，结合建设方的意向进行比较，勾画出大体的骨架，以决定基本形式，作为日后设计的参考。

二、编写计划任务书阶段

计划任务书是针对某一特定旅游区进行景观规划设计的指导性文件。当完成资料整理工作后，即可编写景观规划设计应达成的目标和景观规划设计应遵循的基本原则。

计划任务书一般包括八部分内容：

①设计用地范围、性质和设计的依据及原则；

②该旅游区在城市用地系统中的地位和作用，以及地段特征、四周环境、面积大小和游人容量；

③功能分区和游憩活动项目及设施配置要求；

④建筑物的规模、面积、高度、建筑结构和材料的要求；

⑤布局的艺术形式、风格特点和卫生要求；

⑥近期、远期投资以及单位面积造价的定额；

⑦地形地貌图表及基础工程设施方案；

⑧分期实施的计划。

三、总体设计阶段

主管部门审核批准计划任务书后，景观规划设计者就可以根据计划任务书的要求进行总体设计。总体设计包括立意、概念构思、布局组合、草案设计和总体设计五个阶段，下面将详细阐述这五个阶段的主要内容。

（一）立意

该阶段主要是确立设计的总意图，明确基本设计理念。立意是决定

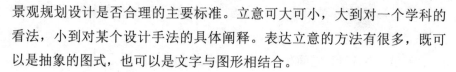

景观规划设计是否合理的主要标准。立意可大可小，大到对一个学科的看法，小到对某个设计手法的具体阐释。表达立意的方法有很多，既可以是抽象的图式，也可以是文字与图形相结合。

（二）概念构思

概念构思是针对某个预设的目标，概念性地分析要采取何种方法来实现某种目标的过程。概念构思的要旨在于针对面临的问题，找出解决问题的途径。概念构思实质上是立意的具体化，会直接导致针对特定项目设计原则的产生。

从旅游景观规划设计的角度来说，概念构思应围绕游客的"食、住、行、游、购、娱"六方面的需求，从增强景观的吸引力的角度，提供一条如何增强景观吸引力的具体途径。

（三）布局组合

布局组合是在立意、构思的基础上，将游赏对象组织成景物、景点、景群、景线、景区等不同类型结构单元的思维过程。布局组合的目标是围绕选取游憩项目，提炼活动主题，酝酿、确定旅游主景、配景以及场地功能分区，组织旅游景点的动线分布等内容，全面考虑游赏对象的内容与规模、性能与作用、构景与游赏需求等因素，探索采用的结构形式与内容协调的过程。

通常情况下，布局组合主要考虑的内容包括：旅游区的构成内容、景观特征、范围、容量；功能区域的划分，也就是主景、景观多样化的结构布局；出入口位置的确定；游线和交通组织的要点，包括园路系统布局、路网密度等；河湖水系及地形的利用和改造；植物组群类型及分布；游憩设施和建筑物、广场和管理设施及卫生间的配置及其位置；水、电、燃气等线路布置；等等。

从立意到布局的过程，就是在旅游活动内容与场地结构形式之间寻求一种内在逻辑关系的过程。因此，布局组合应遵循三个原则：

第一，依据游赏内容与规模、景观特征分区、构景与赏景需求等因素组织场地形式；

第二，使游赏对象在一定的场地结构单元和结构整体中发挥良好作用；

第三，为各景物之间和场地结构单元之间的相互联系创造有利条件。

（四）草案设计

草案设计是布局组合通向总体设计的一个综合设计过程，是将所有设计元素抽象地加以落实的思考过程。草案设计可以根据先前各种图解及布局组合研究建立的框架，将所有在立意和概念构思阶段经过推销的元素正确地表现在它们应该出现的位置上，并再进行综合研究。以下是草案设计过程中的规定性要求。

①功能区域划分应根据旅游区的性质和环境现状条件，确定各分区的规模及景观特色。

②出入口的位置应根据城市规划和旅游区内部布局要求，确定主、次和专用出入口的位置。另外，还需要设置出入口内外集散广场、停车场等；有自行车存车处要求的，应提前确定其规模。

③在道路系统中，确定道路的路线、分类分级和景桥、铺装场地等的位置时，应充分考虑旅游区的规模、各分区的游憩活动内容、游人容量和管理需要。

④主要道路应具有引导游览的作用，易于识别方向；游人大量集中地区的道路应具有较强的通送性，便于游人集散；通行养护管理的道路宽度应与机械工具、车辆相适应；通向建筑物集中地区的道路应设置环行路或回车场地；生产管理专用路不宜与主要游览路线交叉。

⑤如果是城市公园，园路的路网密度宜在200～380 m/hm²。

⑥植物组群类型及分布应根据当地的气候状况、场外的景观特征、场内的植栽条件，结合景观构想、防护功能要求和当地居民的生活习惯来确定，同时应做到充分绿化并满足多种游憩及审美要求。

⑦应根据水源和当前地形等条件，确定河湖水系的水量、水位、流向，水闸或水井、泵房的位置以及各类水体的形状和使用要求；游船水面的水深要求和码头位置应按船的类型确定；游泳水域应划定不同水深

的范围；观赏水域应确定各种水生植物的种植范围和不同的水深要求。

⑧在建筑布局方面，应根据功能和景观要求及市政设施条件等，确定各类建筑物的位置、高度和空间关系，并提出平面形式和出入口位置，同时注意景观最佳地段不得设置餐厅及集中的服务设施。

⑨管理设施及厕所等的位置，应隐蔽又方便使用；水、电、燃气等线路的布置不得破坏景观，同时应满足安全、卫生、节约和便于维修的要求；电气、上下水工程的配套设施、垃圾存放场及处理设施应设在隐蔽地带。

（五）总体设计

总体设计是决定一个旅游区旅游实用价值和景观艺术效果的关键所在，是整个景观规划设计工作的重要环节。游赏对象是旅游区存在的物质基础，其属性、规模、景观特征、空间形态等因素，决定了各类各级旅游单元总体设计的主体内容。因此，总体设计应根据获得批准的计划任务书，围绕游赏对象，结合现状条件，对场地功能和景区划分、景观构想、游憩点设置、出入口位置、地形及地貌、园路系统、河湖水系、植物布局以及建筑物和构筑物的位置、规模、造型及各专业工程管线系统等做出综合设计。

总体设计的设计图文件至少应反映以下九项内容：旅游区所处地段的景观特征及景象展示构思；基地的面积和游人容量；总体景观构想的内容、艺术特色和风格要求；景观系统结构，包括山体水系等要求；游憩项目的组织，包括旅游点的设置、旅游吸引物的类型和要求等；景观单元的布局；游线组织与游程安排；分期建设实施的计划；建设的投资匡算。

一个旅游区景观的总体设计成果主要包括技术图纸、表现图、总体设计说明书和总体匡算四部分内容。其中，技术图纸主要包括区位图、现状分析图、分区示意图、总平面图和竖向设计图五部分。

第一，区位图。区位图主要表达旅游地在区域内的位置、交通和周边环境的关系。区位图的比例一般较大，范围在 1∶5 000～1∶

10 000。

第二，现状分析图。现状分析图是景观规划设计师根据已掌握的全部资料，经分析、整理、归纳后，对现状做出的综合评述。利用现状分析图可以分析规划设计中的有利和不利因素，以便为功能分区提供参考依据。现状分析图能使设计者与甲方的沟通更有针对性，从而帮助景观规划设计者脱离广泛而繁杂的思路。

第三，分区示意图。分区示意图是根据总体设计的原则和现状分析图，划出不同的空间，使不同空间和区域满足不同的游憩功能要求，形成一个统一整体，并反映各区域内部设计因素之间的关系的图。分区示意图多用抽象图形强调各分区之间的结构关系。

第四，总平面图。总平面图应包括五方面内容：旅游区与周围环境的关系以及各出入口与城市的关系，旅游区临街的名称、宽度以及周围主要单位或社区的名称等；旅游区主要、次要、专用出入口的位置、面积和形式以及广场、停车场的布局；旅游区的地形总体设计、道路系统设计；旅游区中全部建筑物、构筑物和游憩设施等布局情况；植物种植设计构思等。

第五，竖向设计图。竖向设计指的是在一块场地上进行垂直于水平面方向的布置和处理。竖向设计与平面布局具有同等重要性，是总体设计阶段至关重要的内容。地形是一个游憩活动空间的骨架，要能反映出旅游区的地形结构特征。因此，在对主要旅游景区进行布局的同时，应根据旅游区四周的城市道路规划标高和区内主要游憩内容，在充分利用原有地形地貌的基础上，提出主要景物的高程及对其周围地形的要求，并保证地形标高必须适应拟保留的现状物和地表水的排放。

竖向设计应包括下列内容：山顶标高；最高水位、常水位、最低水位线；水底标高；驳岸顶部标高；道路主要转折点、交叉点和变坡点标高；旅游区周围市政设施、马路、人行道以及旅游区邻近单位的地坪标高（以便确定旅游区与四周环境之间的排水关系）；主要建筑的底层和室外地坪标高；桥面标高、广场高程；各出入口地坪标高；地下工程管线及地下构筑物的深度；内外佳景相互观赏点的地面高程。需要注意的是，这里的高程均指除地下埋深外的所有地表标高。各部位标高必须相互配合一致，所定标高将作为以后局部或专项设计的依据。

四、详细设计阶段

详细设计阶段的主要任务是以总体设计为依据，详细贯彻各项控制指标和其他设计管理要求，对旅游区做出具体的安排，对每个局部进行技术设计，完成与旅游区建造有关的一系列技术图纸。对于建设用地规模较大的旅游区，如风景名胜区、城市公园等，应以相应的控制性详细规划为依据，并从管理的需要出发进行详细设计；对于规模较小的旅游地域，在总体设计阶段可直接穿插一些详细设计的内容，或直接进入施工图设计阶段。

（一）旅游景观详细设计的内容

对于建设用地规模较大的旅游区，详细设计通常包括：建筑、道路、绿地和景观等的分区平面图；交通出入口、界线等的详细设计；道路景观详细设计；种植详细设计；工程管线详细设计；基地剖面详细设计；游憩服务设施及附属设施系统详细设计；投资概算与效益分析。

上述详细设计内容对于一般项目而言具有普遍的指导意义，能够为旅游区内一切旅游项目的开发建设活动提供指导，但是旅游区景观的详细设计还应有自己的特点和侧重点。

当旅游区规模比较大时，在总体布局确定后，可根据实际需要进行每个分区或各个分项的详细设计，如建筑分项、小品分项、广场分项、种植分项等。各分区的旅游活动特性决定了它们的设计侧重面不同，而且它们与总体设计阶段的定位也不同。但是，无论采取哪种途径进行详细设计，详细设计都更侧重于具体场地的功能性与个性塑造。

（二）旅游景观详细设计图纸文件

旅游景观详细设计图纸主要包括分区平面图、基地断剖面图、种植设计图、竖向设计图、建筑设计图、管线图、设计概算等。

1. 分区平面图

详细设计阶段的分区平面图主要根据总体设计阶段的区划，对不同的空间分区进行局部详细设计。分区平面图应根据总体设计的要求，详细地表达出等高线、道路、广场、建筑、水池、湖面、驳岸、乔灌木花草、草地、花坛、山石、雕塑等内容。

2. 基地断、剖面图

丰富的地形起伏变化能为空间序列展开提供有利的条件，但同时也使设计难度有所增加。利用基地断、剖面图，可以更好地表达设计意图和表现地形关系中的最复杂部分或局部地形的变化。

3. 种植设计图

种植是旅游区景观规划设计中贯穿始终的分项。详细设计阶段的种植平面图与总体设计阶段的种植平面图有所不同，总体设计阶段的种植设计图主要是从大的方面进行控制，而详细设计阶段的种植设计图能较准确地标明常绿乔木、落叶乔木、常绿灌木、开花灌木、绿篱、花篱、草地、花卉等的具体位置、品种、数量、种植方式等。在特别重要的旅游地段，如果需要利用植物来造景，还要画出植物立面图，以达到控制栽植效果的目的。

4. 竖向设计图

详细设计阶段的竖向设计图是对总体设计阶段竖向设计图的细化。此阶段的竖向设计图应具体明确制高点、山峰、台地、丘陵、缓坡、平地、岛，湖、池、溪流、岸边、池底等的高程，以及入水口、出水口的标高。此外，竖向设计图还应包括地形改造过程中填方、挖方的内容，应具体写出挖方、填方数量，说明应填土方或运出土方的数量，力求使应挖土方与应填土方取得平衡。

5. 建筑设计图

详细设计阶段的建筑设计图与总体设计阶段的建筑图纸不同，总体设计阶段的建筑图纸只是一种控制意义上的示意图，主要从面积、高度和风格等方面进行控制，更多考虑的是建筑与环境协调的问题；而详细设计阶段的建筑设计图与通常的建筑设计图纸一样，不仅要求执行和深化总体设计阶段预设的目标，而且包括建筑的各层平面图、立面图、屋顶平面、必要的大样图等，涉及与结构、电气设备、上下水等各专业工种的配合问题。详细设计阶段的建筑设计图纸要注意反映出建筑与环境的关系。

6. 管线图

相比于总体设计阶段，详细设计阶段的管线图的主要任务不是位置的布置，而是应该具体表现出上水（造景、绿化生活、卫生、消防）、下水（雨水、污水）、暖气、煤气等内容，注明每段管线的长度、管径、高程及接头方式，同时注明管线及各种管井的具体位置、坐标，并在电气图上具体标明各种电气设备、（绿化）灯具、配电室的位置及电缆走向等。

7. 设计概算

在详细设计阶段的概算中，土建部分可按项目估价，算出汇总价，或按市政工程的预算定额和园林附属工程定额计算；绿化部分可按基本建设材料预算价格中的苗木单价表以及建筑安装工程预算定额中的园林绿化工程定额进行计算。

五、施工图设计

施工图设计是旅游景观规划设计程序中的最后一个步骤，需要考虑设计元素的细部处理和材料利用等细节问题。

设计不能仅凭想象，也不能仅用文字描述，必须用施工图来表达。施工图是设计者与建设方或使用者之间最具体化的沟通工具。基地面积较小的旅游景观的施工图常常以1∶10或1∶50的比例进行绘制，并采用图例的形式表现。当植物的冠幅宽度适合在图纸中表达时，尽量依比例将其图例绘入施工图中。

当施工图设计完成后，必须详细检视所有的图纸文件，并考虑时间和预算经费是否在规定范围内，同时与建设方进行沟通交流，进而做出必要的修正。在一切确定之后，根据已批准的设计文件、技术设计资料和要求，再将所有的图面清楚、完整地绘制在图纸上。

完整的施工设计图文件应包括图纸目录设计说明、主要技术经济指标表、城市坐标网、场地建筑坐标网、坐标值、施工总平面图、竖向设计图、土方工程图、道路广场设计、种植设计、水系设计、建筑设计、管线设计、电气管线设计、假山设计、雕塑小品设计、栏杆设计、标牌设计等的平面配置图、立面图、断面图、剖面图、节点大样图、鸟瞰图或透视图，以及苗木规格和数量表、工程预算书、施工规范。

参考文献

[1]张燕. 旅游景观规划与景观提升设计研究[M]. 北京：中国水利水电出版社，2019.

[2]李莉. 城市景观设计研究[M]. 长春：吉林美术出版社，2019.

[3]肖国栋，刘婷，王翠. 园林建筑与景观设计[M]. 长春：吉林美术出版社，2019.

[4]林春水，马俊. 景观艺术设计[M]. 杭州：中国美术学院出版社，2019.

[5]刘谯，张菲，吴卫光. 城市景观设计[M]. 上海：上海人民美术出版社，2018.

[6]于东飞. 景观设计基础[M]. 北京：中国建筑工业出版社，2017.

[7]吴忠. 景观设计[M]. 武汉：武汉大学出版社，2017.

[8]吴阳，刘慧超，丁妍. 景观设计原理[M]. 石家庄：河北美术出版社，2017.

[9]蔡文明，刘雪. 现代景观设计教程[M]. 成都：西南交通大学出版社，2017.

[10]马克辛，卞宏旭. 景观设计[M]. 沈阳：辽宁美术出版社，2017.

[11]成国良，曲艳丽. 旅游景区景观规划设计[M]. 济南：山东人民出版社，2017.

[12]刘丽雅. 居住区景观设计[M]. 重庆：重庆大学出版社，2017.

[13]孙青丽，李抒音. 景观设计概论[M]. 天津：南开大学出版社，2016.

[14]韩晨平. 景观设计原理与方法[M]. 徐州：中国矿业大学出版社，2016.

[15][英]鲍桑葵. 美学史[M]. 张今，译. 桂林：广西师范大学出版社，2004.

[16][英]赫伯特·里德. 艺术与社会[M]. 陈方明，王怡红，译. 北京：工人出版社，1989.

[17][英]彼得·福勒. 艺术与精神分析[M]. 段炼，译. 成都：四川美术出版社，1988.

[18] [英] 克莱夫・贝尔. 艺术[M]. 周金环, 马钟元, 滕守尧, 译. 北京: 中国文联出版公司, 1984.

[19] [苏] 列宁. 哲学笔记[M]. 中共中央马克思恩格斯列宁斯大林著作编译局, 译. 北京: 人民出版社, 1974.

[20] 曾鸿. 地域文化在旅游地产景观设计中的应用研究: 以西双版纳傣族风情项目"雨林澜山"为例[D]. 重庆: 重庆大学, 2015.

[21] 杨洁. 基于居住空间视野下的生态化景观设计应用研究[J]. 大众文艺, 2020 (21): 84-85.

[22] 高鹏宇, 刘丽云, 林大海, 等. 探析景观设计与地方文化元素的结合[J]. 现代园艺, 2020, 43 (18): 68-69.

[23] 皮鑫宇, 杨璐. 生态主义景观设计的应用与思考[J]. 现代园艺, 2020 (7): 121-123.

[24] 焦杨, 孙英乔, 赵孟麒. 浅析基于景观都市主义的街区景观优化[J]. 美术教育研究, 2020 (14): 128-129.

[25] 王丽贺. 现代居住区景观设计中文化与意境的表达[J]. 中国民族博览, 2020 (20): 218-219.

[26] 李璋, 鄂娜, 段晓迪. 浅谈景观都市主义对现代景观设计的意义[J]. 现代物业 (中旬刊), 2019 (1): 258-259.

[27] 巴梦真. 基于低碳理念的城市公共空间景观设计探究[J]. 美与时代 (城市版), 2019 (9): 43-44.

[28] 冉利会. 论风景园林设计中的结构主义[J]. 山西建筑, 2018, 44 (32): 220-221.

[29] 高驰. 浅析地域文化对现代景观设计的影响[J]. 西部皮革, 2018, 40 (23): 69.

[30] 李向北, 徐莹. 后现代主义景观设计中的艺术表现性[J]. 四川戏剧, 2018 (2): 79-81, 88.

[31] 莫小云, 薛磊, 郑郁善. 极简主义景观的审美价值探讨[J]. 绿色科技, 2018 (5): 3-5.

[32] 张淼, 孙久兰. 地方文化在园林景观设计中的应用与体现[J]. 绿色科技, 2018 (23): 140-141.

[33] 刘春燕, 刘玉石. 园林景观设计中的地方文化探析[J]. 园林装饰, 2018 (35): 52.

[34] 林宇. 分析园林景观设计中地域文化的运用[J]. 江西建材，2017（23）：188-189.

[35] 方涛. 低碳景观的类型与营造技术探讨[J]. 建材与装饰，2017（21）：56-57.

[36] 刘靖. 历史主义观对近代民国建筑的影响[J]. 山西建筑，2015，41（32）：22-23.

[37] 汪辉，徐银龙，张艳. 当代折中主义园林景观探索：以南京名城世家小区景观为例[J]. 广东园林，2014，36（6）：49-52.

[38] 陈明. 浅析后现代景观设计的风格特征[J]. 美术教育研究，2014（20）：101.

[39] 王贵祥. 历史建筑与现代建筑中的历史主义[J]. 装饰，2008（12）：19-23.

后 记

　　景观规划设计工程不同于一般民用建筑和市政等工程，它具有科学的内涵和艺术的外貌。景观规划设计中的每项工程都各具特色、风格迥异，工艺要求也不尽相同；工程项目内容丰富、类别繁多，工程量大小有天壤之别，同时还会受地域差别和气候条件的影响。景观是城市环境建设的重要组成部分，因此景观规划设计必须细致而周全。具体而言，景观规划设计师需要调查和了解景观所处的环境条件，经过周详地考虑和研究，从艺术和技术等多方面进行构思，进而决定景观的形式及内容，最终形成服务于大众的景观作品。

　　景观规划设计的产生与发展源于人们对自然的向往，可以说景观是建立在物质基础之上的精神享受。景观规划设计学科和城市规划学、建筑学、地理学、生态学、生物学、社会学、文学、艺术学等有密切的关系，是建立在广泛的自然科学和人文艺术学科基础之上的应用性学科，其核心是协调人与自然的关系。

　　如今，在面临城市化大发展导致的城市环境恶化、城市交通拥挤、居住环境恶劣等一系列城市问题的背景下，景观规划设计迎来了一系列挑战与机遇。因此，笔者撰写了本书，希望能够为景观的开发、保护、恢复、发展与更新等贡献一份绵薄之力。

刘　钊

2021 年 1 月